Sammlung
von
aufgelößten Aufgaben
aus dem
Gebiet der angewandten Mathematik.

Bearbeitet
von

Dr. D. C. L. Lehmus,
Professor an der vereinigten Artillerie= und Ingenieur=Schule
in Berlin.

Erstes Bändchen.

Mit zwei Kupfertafeln.

Berlin, 1828.
Gedruckt und verlegt
bei G. Reimer.

Vorrede.

Insofern es zwar viele Sammlungen von Aufgaben aus dem Gebiet der reinen Mathematik giebt, für angewandte Mathematik mir aber keine solche bekannt sind, so hielt ich die Herausgabe dieses Bändchens für nicht überflüssig. Es ist zunächst zum Gebrauch bei meinen Vorlesungen bestimmt. Bei den Angaben gebrauchter Formeln bezeichnet M.

mein Lehrbuch der angewandten Mathematik, II. B. den zweiten Band desselben. Berlin 1818 Reimer. III. B. den dritten Band desselben. Berlin 1822 Reimer. A. mein Lehrbuch der höhern Analysis. Berlin 1827 Reimer.

Der Verfasser.

§. 1. **Aufgabe.** Eine gerade Linie AB (Fig. 1.) wird in allen ihren Punkten von parallel thätigen Kräften normal ergriffen, welche sich wie die nten Potenzen der Entfernungen ihrer Angriffspuncte von einem in der Verlängerung von AB liegenden Punct C verhalten; man soll die Summe S dieser Kräfte, die Summe M ihrer Momente, in Beziehung auf C, und die Entfernung E ihrer mittleren Kraft S von C bestimmen.

Auflösung. Es sei $AB = a$; $CA = b$; die Kraft in $A = Q$; also die in $B = \frac{Q(a+b)^n}{b^n} = R$, und wenn CN durch x ausgedrückt wird, die in $N = \frac{Qx^n}{b^n} = y$. Man denke sich die Linien AD, NP, BG normal auf AB, und zwar $AD = Q$; $NP = \frac{Qx^n}{b^n} = y$; $BG = \frac{Q(a+b)^n}{b^n} = R$, und dann, der Gleichung $y = \frac{Qx^n}{b^n}$ entsprechend, die Curve DPG construirt, so kann man sich die Ebene ADGB in allen ihren Puncten von gleich großen Kräften ergriffen vorstellen, und bei dieser Ansicht die Aufgabe leicht auflösen. Bezeichnet nemlich für die Ebene ADPN, φx die Summe der Kräfte, Fx die Summe ihrer Momente und

$fx = \frac{Fx}{\varphi x}$ die Entfernung von C bis zur Richtungslinie der mittleren Kraft φx, so hat man:

$$\varphi x = \int y \partial x = \frac{Q}{b^n} \int x^n \partial x = \frac{Q x^{n+1}}{(n+1) b^n} + C$$

$$= \frac{Q(x^{n+1} - b^{n+1})}{(n+1) b^n};$$

$$Fx = \int x y \partial x = \frac{Q}{b^n} \cdot \frac{x^{n+2}}{n+2} + C = \frac{Q[x^{n+2} - b^{n+2}]}{(n+2) b^n};$$

also

$$fx = \frac{n+1}{n+2} \cdot \frac{x^{n+2} - b^{n+2}}{x^{n+1} - b^{n+1}} \text{ und daher}$$

$$S = Q \cdot \frac{(a+b)^{n+1} - b^{n+1}}{(n+1) \cdot b^n};$$

$$M = Q \cdot \frac{(a+b)^{n+2} - b^{n+2}}{(n+2) \cdot b^n} \text{ und}$$

$$E = \frac{n+1}{n+2} \cdot \frac{(a+b)^{n+2} - b^{n+2}}{(a+b)^{n+1} - b^{n+1}};$$

oder auch:

$$S = \frac{a}{n+1} \cdot \frac{R \cdot \sqrt[n]{R} - Q \cdot \sqrt[n]{Q}}{\sqrt[n]{R} - \sqrt[n]{Q}};$$

$$M = \frac{a^2}{n+2} \cdot \frac{R \cdot \sqrt[n]{R^2} - Q \cdot \sqrt[n]{Q^2}}{[\sqrt[n]{R} - \sqrt[n]{Q}]^2};$$

$$E = \frac{n+1}{n+2} \cdot a \cdot \frac{R \cdot \sqrt[n]{R^2} - Q \cdot \sqrt[n]{Q^2}}{[\sqrt[n]{R} - \sqrt[n]{Q}][R \cdot \sqrt[n]{R} - Q \cdot \sqrt[n]{Q}]};$$

und die Entfernung von A bis zur Richtung der mittleren Kraft durch e ausgedrückt, so daß also $e = E - b$ ist,

$$e = a \cdot \frac{(n+1) R \cdot \sqrt[n]{R} [\sqrt[n]{R} - \sqrt[n]{Q}] - \sqrt[n]{Q} [R \cdot \sqrt[n]{R} - Q \cdot \sqrt[n]{Q}]}{(n+2) [\sqrt[n]{R} - \sqrt[n]{Q}] [R \cdot \sqrt[n]{R} - Q \cdot \sqrt[n]{Q}]}.$$

Beispiele. 1) Für $n = 1$, also fürs Trapez, entsteht:

$$S = \frac{a}{2}(R + Q); \quad M = \frac{a^2}{3} \cdot \frac{R^3 - Q^3}{(R - Q)^2} = \frac{a^2}{3} \cdot \frac{R^2 + RQ + R^2}{R - Q};$$

$$e = \frac{a}{3} \cdot \frac{Q + 2R}{Q + R}.$$

2) Für $n = 2$; also für die abgekürzte Pyramide, erhält man:

$$S = \frac{a}{3}(R + Q + \sqrt{RQ}); \quad e = \frac{a}{4} \cdot \frac{Q + 2\sqrt{QR} + 3R}{Q + \sqrt{QR} + R}.$$

§. 2. Aufgabe. Eine gerade Linie AB (Fig. 1.) wird normal auf AB in allen Puncten von AB von Kräften ergriffen, welche sich indirect wie die nten Potenzen der Entfernungen ihrer Angriffspuncte von einem in der Verlängerung von AB liegenden Punct C verhalten; man soll die Summe S dieser Kräfte, die Summe M ihrer Momente in Beziehung auf C und die Entfernung E ihrer mittleren Kraft S von C bestimmen.

Auflösung. Es sei $AB = a$, $CA = b$, die Kraft in $A = Q$; also die in $B = \frac{Q \cdot b^n}{(a + b)^n} = R$, und wenn CN durch x ausgedrückt wird, die in $N = \frac{Q\,b^n}{x^n} = y$. Man denke sich die Linien AD, NP, BG normal auf AB, und zwar $AD = Q$; $NP = \frac{Q\,b^n}{x^n} = y$; $BG = \frac{Q\,b^n}{(a + b)^n} = R$, und dann, der Gleichung $y = \frac{Q\,b^n}{x^n}$ entsprechend, die Curve DPG construirt, so kann man sich die Ebene ADGB in allen ihren Puncten von parallel thätigen, gleich großen Kräften ergriffen vorstellen, und bei dieser Ansicht die Aufgabe leicht auflösen. Bezeichnet nemlich für die Ebene ADPN, φx die Summe der Kräfte, $F x$ die Summe ihrer Momente, in Beziehung auf C, und $fx = \frac{Fx}{\varphi x}$ die Entfernung von C bis zur Richtungslinie der mittleren Kraft $\varphi \bar{x}$, so hat man:

$$\varphi x = \int y \partial x = Q b^n \int \frac{\partial x}{x^n} = -\frac{Q b^n}{(n-1) x^{n-1}} + C$$

$$= \frac{Q b^n}{n-1}\left[\frac{1}{b^{n-1}} - \frac{1}{x^{n-1}}\right] = Q b \frac{x^{n-1} - b^{n-1}}{(n-1) x^{n-1}};$$

$$Fx = \int x y \partial x = -\frac{Q b^n}{(n-2) x^{n-2}} + C$$

$$= Q b^2 . \frac{x^{n-2} - b^{n-2}}{(n-2) . x^{n-2}} \text{ und}$$

$$fx = \frac{n-1}{n-2} . b x . \frac{x^{n-2} - b^{n-2}}{x^{n-1} - b^{n-1}}; \text{ also}$$

$$S = Q b \frac{(a+b)^{n-1} - b^{n-1}}{(n-1)(a+b)^{n-1}};$$

$$M = Q b^2 . \frac{(a+b)^{n-2} - b^{n-2}}{(n-2)(a+b)^{n-2}};$$

$$E = \frac{n-1}{n-2} . b(a+b) . \frac{(a+b)^{n-2} - b^{n-2}}{(a+b)^{n-1} - b^{n-1}}.$$

Beispiele. 1) Ist $n = 1$, so folgt, wenn man nöthigenfalls im Zähler und Nenner zuvor die Ableitung nimmt, ehe man 1 für n setzt:

$$S = Q b . \ln . \frac{a+b}{b}; \quad M = Q a b; \quad E = \frac{a}{\ln \frac{a+b}{b}}.$$

2) Ist $n = 2$, so erhält man:

$$S = Q b \frac{a}{a+b}; \quad M = Q b^2 . \ln \frac{a+b}{a}; \quad E = \frac{b(a+b)}{a} \ln \frac{a+b}{a}.$$

3) Ist $n = 3$, so folgt:

$$S = \frac{Q a b}{2} . \frac{a+2b}{(a+b)^2}; \quad M = Q . \frac{a b^2}{a+b}; \quad E = \frac{2b(a+b)}{a+2b}.$$

Dieselben Resultate erhält man, wenn man in denen im vor. §. —1, —2, —3 für n setzt.

§. 3. **Aufgabe.** An einem Bogen irgend einer Curve, deren Gleichung gegeben ist, ist ein, als vollkommen biegsam und gewichtlos anzusehendes Seil, angelegt und an seinen beiden Endpuncten tangential durch Kräfte angezogen; man soll die eine dieser beiden Kräfte der Bedingung gemäß bestimmen, daß sie mit der andern und der Reibung, welche aus beiden, vom Seil auf den festliegenden nicht um irgend eine Achse drehbaren Bogen entsteht, Gleichgewicht erhält.

Auflösung. Es sei CD (Fig. 2.) der Bogen; in C wirke tangential nach der Richtung CT der Widerstand q; in D tangential nach der Richtung DW die zu bestimmende Kraft p; VY sei die gewählte Abscissenlinie, V der Anfangspunct der Abscissen; CM, DP die normalen Ordinaten für die Puncte C, D; $VM = a$; $VP = x$; der Winkel der Tangente in D mit der Abscissenlinie $= \varphi x$; $p = Fx$ die gesuchte Function, durch die gegebene φx auszudrücken.

Man nehme $PR = k$, also $VR = x + k$, die normale Ordinate RE zu $x + k$, und denke sich das Seil von C bis E gelegt, und in E tangential nach der Richtung FE angezogen, so wäre die erforderliche Kraft in E nach der Richtung FE, um mit q in C und der Reibung des Seils auf dem Bogen CE Gleichgewicht zu erhalten $= F(x + k)$, also: wenn man das Seil von C bis D ablösete und in D nach der Richtung der Tangente den Widerstand Fx anbrächte, so müßte $F(x + k)$ im Gleichgewicht sein mit Fx und der Reibung welche von $F(x + k)$

und F x auf den Bogen DE statt finden würde. Es sei G der Durchschnittspunct der Richtungen von $F(x+k)$ und Fx; durch G sei GH so gelegt, daß diese Linie GH für ihren Durchschnittspunct I mit dem Bogen DE, die Normale der Curve für diesen Punct I werde, und durch G sei die gerade Linie LGN parallel mit der Tangente der Curve in I zu denken, und α, β bezeichnen die Winkel, welche LN mit den Richtungen von Fx und $F(x+k)$ bildet, so sind $F(x+k)\operatorname{Cos}\beta$ und $Fx\operatorname{Cos}\alpha$ die in LN einander entgegenwirkenden Kräfte, und $F(x+k)\operatorname{Sin}\beta + Fx\operatorname{Sin}\alpha$ die Normalpressung, aus welcher, wenn μ den Reibungscoefficienten bezeichnet, der Reibungswiderstand $\mu[F(x+k)\operatorname{Sin}\beta + Fx\operatorname{Sin}\alpha]$ entspringt, so daß also

$$F(x+k)\operatorname{Cos}\beta = Fx\operatorname{Cos}\alpha + \mu[F(x+k)\operatorname{Sin}\beta + Fx\operatorname{Sin}\alpha]$$

die Bedingungsgleichung der Aufgabe ausdrückt.

Aus dieser Gleichung folgt, nach Anwendung der Taylorschen Reihe:

$$Fx[\operatorname{Cos}\beta - \operatorname{Cos}\alpha - \mu(\operatorname{Sin}\beta + \operatorname{Sin}\alpha)] = k\left[F'x + \frac{k}{2}F''x + \ldots\right][\mu\operatorname{Sin}\beta - \operatorname{Cos}\beta];$$

oder, da $\operatorname{Cos}\beta - \operatorname{Cos}\alpha = 2\operatorname{Sin}\frac{\alpha+\beta}{2}.\operatorname{Sin}\frac{\alpha-\beta}{2}$ und

$$\operatorname{Sin}\beta + \operatorname{Sin}\alpha = 2\operatorname{Sin}\frac{\alpha+\beta}{2}.\operatorname{Cos}\frac{\alpha-\beta}{2}$$ ist,

$$2Fx\operatorname{Sin}\frac{\alpha+\beta}{2}.\left[\operatorname{Sin}\frac{\alpha-\beta}{2} - \mu\operatorname{Cos}\frac{\alpha-\beta}{2}\right] = k\left[F'x + \frac{k}{2}F''x\ldots\right][\mu\operatorname{Sin}\beta - \operatorname{Cos}\beta].$$

Es ist aber, wenn IQ die Ordinate des Punctes I vorstellt, und PQ durch k' ausgedrückt wird, der Winkel, welchen die Curven-Tangente in I mit der Abscissenlinie bildet $= \varphi(x+k')$, also $\alpha = \varphi x - \varphi(x+k')$, und

$\beta = \varphi(x + k') - \varphi(x + k)$, folglich $\mathrm{Sin}\frac{\alpha+\beta}{2} =$

$$\mathrm{Sin}\frac{\varphi x - \varphi(x+k)}{2} = \mathrm{Sin}\left[-\frac{k\varphi'x + \frac{k^2}{2}\varphi''x + \frac{k^3}{(3)}\varphi'''x \dots}{2}\right],$$

und daher auch

$$\mathrm{Sin}\frac{\alpha+\beta}{2} = -\frac{k\varphi'x + \frac{k^2}{2}\varphi''x \dots}{2} + \frac{\left[k\varphi'x + \frac{k^2}{2}\varphi''x \dots\right]^3}{2^3 \cdot (3)} - + \dots$$

$$= \frac{k}{2} \cdot \left[-\varphi'x - \frac{k}{2}\varphi''x \dots + \frac{k^2(\varphi'x + \frac{k}{2}\varphi''x \dots)^3}{2^2 \cdot (3)} - + \dots\right],$$

also die Bedingungsgleichung:

$$kFx\left[-\varphi'x - \frac{k}{2}\varphi''x \dots + \frac{k^2\left(\varphi'x + \frac{k}{2}\varphi''x \dots\right)^3}{2^2 \cdot (3)} - + \dots\right]$$

$$\times\left[\mathrm{Sin}\frac{\alpha-\beta}{2} - \mu\,\mathrm{Cos}\frac{\alpha-\beta}{2}\right]$$

$$= k\left[F'x + \frac{k}{2}F''x \dots\right][\mu\,\mathrm{Sin}\,\beta - \mathrm{Cos}\,\beta].$$

Setzt man nun, nachdem diese Gleichung zuvor mit k dividirt wurde, dann, in sie, Null für k, also auch 0 für α und 0 für β, so wie 0 für k', so erhält man;

$$Fx.[-\varphi'x][-\mu] = F'x.[-1],$$

und hieraus

$$\frac{F'x}{Fx} = -\mu'\varphi x,$$

folglich, wenn man integrirt,

$$\ln Fx = -\mu\varphi x + \mathrm{Const.}$$

Für $x = a$, wird $Fx = Fa = q$, folglich

$\ln q = -\mu\varphi a + \mathrm{Const}$, daher

$\mathrm{Const} = \ln q + \mu\varphi a$, also

$\ln Fx = -\mu\varphi x + \ln q + \mu\varphi a$, oder auch

$$\ln\frac{Fx}{q} = \ln\frac{p}{q} = \mu[\varphi a - \varphi x],$$

folglich auch, wenn e die Basis des natürlichen Log. Syst. bezeichnet,

$$\ln \frac{p}{q} = \ln e^{\mu(\varphi a - \varphi x)}, \text{ und daher}$$

$$\frac{p}{q} = e^{\mu(\varphi a - \varphi x)}, \text{ also}$$

$$p = Fx = q \cdot e^{\mu(\varphi a - \varphi x)}.$$

Beispiele. 1) Ist CD ein Kreisbogen und zum zugehörigen Mittelpuncts-Winkel der Bogen für den Halbmesser Eins gleich b, so ist

$$\varphi a - \varphi x = b, \text{ also } p = q \cdot e^{\mu b}.$$

2) Ist CD ein parabolischer Bogen, C der Scheitelpunct dieser Parabel, und nimmt man V in C und die Achse als Abscissenlinie an, so ist, unter h den Achsenparameter dieser Parabel verstanden, $\varphi a = \varphi = \frac{1}{2}\pi$ und $\operatorname{tg}\varphi x = \sqrt{\frac{h}{4x}}$; also $\varphi x = \operatorname{Arc tg}\sqrt{\frac{h}{4x}}$ und $\varphi a - \varphi x$ $= \frac{1}{2}\pi - \operatorname{Arc tg}\sqrt{\frac{h}{4x}} = \operatorname{Arc Cotg}\sqrt{\frac{h}{4x}} = \operatorname{Arc tg}\sqrt{\frac{4x}{h}}$,

und folglich $p = q \cdot e^{\mu \operatorname{Arc tg}\sqrt{\frac{4x}{h}}}$.

§. 4. Aufgabe. Ein Kegel wird durch eine parabolische Ebene zerschnitten; man soll den Schwerpunct jedes Theils bestimmen.

Auflösung: Ist ABC ein Achsendurchschnitt dieses Kegels (Fig. 3.), der Durchmesser AB seiner Grund-Ebene $= 2r$, GH normal durch AB, DE parallel AC, also DGH eine parabolische Ebene, F der Schwerpunct dieser Ebene, folglich DF $= \frac{3}{5}$. DE, EF $= \frac{2}{5}$DE (M. II. B. §. 25.), und also BF eine Schwerlinie des abgeschnittenen Körpers BDGH, K der Schwerpunct desselben, $\angle CAB = \beta$,

$\angle CBA = \gamma$ und $\angle EFB = \alpha$, so ist

$$BK = \frac{\int[\text{Ebene } DGH . \partial(BF \sin\alpha)] . BF}{\int[\text{Ebene } DGH . \partial(BF \sin\alpha)]}.$$

Es ist aber, wenn $BE = x$ gesetzt wird, $GE = EH = y = \sqrt{2rx - x^2}$, $DE = \frac{y \sin\gamma}{\sin(\beta+\gamma)}$, $BF \sin\alpha = x \sin\beta$ und die Ebene $DGH = \frac{2}{3} . GH . DE = \frac{4}{3} . y . \frac{x \sin\gamma}{\sin(\beta+\gamma)}$, folglich der Zähler des Werthes für BK

$$= \int \frac{4}{3} . \frac{x y \sin\gamma}{\sin(\beta+\gamma)} . \sin\beta . \partial x . \frac{x \sin\beta}{\sin\alpha}$$

$$= \frac{4 \sin\beta^2 . \sin\gamma}{3 \sin\alpha \sin(\beta+\gamma)} . \int y . x^2 . \partial x$$

$$= - \frac{\sin\beta^2 \sin\gamma}{3 \sin\alpha \sin(\beta+\gamma)} [x y^3 - 5 r \int y x \partial x]$$

(A. S. 136 XLVII.)

$$= - \frac{\sin\beta^2 \sin\gamma}{3 \sin\alpha \sin(\beta+\gamma)} \Big[x y^3 - 5 r . \Big(- \tfrac{1}{3} y^3 - \tfrac{1}{2} r (r-x) y - \tfrac{1}{2} r^3 \operatorname{Arc\,Sin} \frac{r-x}{r}\Big)\Big] + C$$

(A. S. 115 XXIX.)

$$= \frac{\sin\beta^2 \sin\gamma}{3 \sin\alpha \sin(\beta+\gamma)} \Big[- x y^3 - \tfrac{5}{3} r y^3 - \tfrac{5}{2} r^2 (r-x) y + \tfrac{5}{2} r^4 \operatorname{Arc\,Cos} \frac{r-x}{r}\Big],$$

und der Nenner

$$= \frac{4 \sin\beta \sin\gamma}{3 \sin(\beta+\gamma)} \int y x \partial x$$

$$= \frac{4 \sin\beta \sin\gamma}{3 \sin(\beta+\gamma)} . \Big[- \tfrac{1}{3} y^3 - \tfrac{1}{2} r (r-x) y + \tfrac{1}{2} r^3 \operatorname{Arc\,Cos} \frac{r-x}{r}\Big];$$

folglich

$$BK = \frac{\sin\beta}{4 \sin\alpha} . \frac{15 r^4 \operatorname{Arc\,Cos} \frac{r-x}{r} - y[15 r^3 + 5 r^2 x + 2 r x^2 - 6 x^3]}{3 r^3 \operatorname{Arc\,Cos} \frac{r-x}{r} - y (r+x)(3r - 2x)},$$

oder BF bis N verlängert, so daß $AN = \frac{2}{5} AC$ wird, und BN durch a ausgedrückt,

$$BK = \frac{a}{8r} \cdot \frac{15 r^4 \operatorname{Arc Cos} \frac{r-x}{r} - y[15 r^3 + 5r^2 x + 2r x^2 - b x^3]}{3 r^3 \operatorname{Arc Cos} \frac{r-x}{r} - y(r+x)(3r-2x)}.$$

Setzt man nun 2r für x, so erhält man, wenn M den Schwerpunct des ganzen Kegels vorstellt,

$$BM = \tfrac{5}{8} \cdot a.$$

Für $x = r$ aber, wird

$$BK = \frac{a}{8} \cdot \frac{15\pi - 32}{3\pi - 4}.$$

Bezeichnet P den Schwerpunct des Körpers zwischen CA und der Ebene DGH, so ergiebt sich FP aus der Proportion, Körper CDGHA : Körper GDHB = MK : MP. Ist etwa $x = r$, so wird Körper GDHB $= \frac{r^3 \operatorname{Sin}\beta \operatorname{Sin}\gamma}{9 \operatorname{Sin}(\beta+\gamma)}(3\pi - 4)$, Körper CDGHA $= \frac{r^3 \operatorname{Sin}\beta \operatorname{Sin}\gamma}{9 \operatorname{Sin}(\beta+\gamma)}(3\pi + 4)$, $MK = \frac{a}{2} \cdot \frac{3}{3\pi - 4}$; also $MP = \frac{a}{2} \cdot \frac{3}{3\pi + 4}$ und daher auch $NP = \frac{3a}{8} \cdot \frac{3\pi}{3\pi + 4}$.

§. 5. Zusatz. Ist also ACB ein Kegel, und M sein Schwerpunct, so hat man die Gesetze: 1stens AN : AC = 2 : 5; 2tens BM : BN = 5 : 8.

§. 6. Aufgabe. Ein normaler Kegel wird durch eine Ebene normal auf die Grund-Ebene geschnitten; man soll den Schwerpunct des Abschnitts bestimmen.

Auflösung. Es sei ABC (Fig. 4.) der Achsendurchschnitt des Kegels, welcher auf die Hyperbolische Schnitt-Ebene GEH normal ist, also $\angle BFG = \frac{\pi}{2}$ und $\angle EFG = \frac{1}{2}\pi$; ferner sei die Höhe AD des Kegels = h, und der Halbmesser DB = DC der Grund-Ebene = r.

1. Bestimmung der Gleichung für die Hyperbel GEH.

Wird die Abscisse $EP = u$, die rechtwinklige Ordinate $PQ = PR$ gleich z gesetzt, und man denkt sich durch QR eine mit der Grundebene parallele Kreisebene, bezeichnet Winkel $DAC = DAB$ durch α und den Abstand DF durch c, so ist

$$u \operatorname{tg} \alpha : z = z : 2c + u \operatorname{tg} \alpha; \text{ also}$$

$$z^2 = 2c \operatorname{tg} \alpha . u + \operatorname{tg} \alpha^2 . u^2, \text{ oder}$$

$$z^2 = \frac{2rc}{h} u + \frac{r^2}{h^2} . u^2.$$

2. Bestimmung des Inhalts der Ebene $EPQ = EPR$.

Es ist Ebene $EPQ = \int z \partial u$

$$= \frac{1}{h} \int \sqrt{2hrcu + r^2 u^2} . \partial u$$

$$= \frac{1}{h} \left[\frac{hrc + r^2 u}{2r^2} \sqrt{2hrcu + r^2 u^2} - \frac{h^2 c^2}{2} \int \frac{\partial u}{\sqrt{2hrcu + r^2 u^2}} \right]$$

(A. S. 113. XXVII.)

$$= \frac{hc + ru}{2r} . z - \frac{hc^2}{2r} . \ln \left[\frac{2hrc + 2r^2 u}{2r} + hz \right] + C$$

(A. S. 113. XXVI.)

$$= \frac{hc + ru}{2r} . z - \frac{hc^2}{2r} . \ln \frac{hc + ru + hz}{hc}.$$

3. Bestimmung des Inhalts der Ebene $GEH = \varphi c$.

Man setze in den Ausdruck für EPQ, $EF = \frac{h(r-c)}{r}$ für u und $FG = FH = \sqrt{r^2 - c^2}$ für z, und nehme das Resultat doppelt, so entsteht:

$$\varphi c = h . \sqrt{r^2 - c^2} - \frac{hc^2}{r} \ln \frac{r + \sqrt{r^2 - c^2}}{c}.$$

4. Bestimmung der Abscisse w des Schwerpuncts des Körpers EGHC auf CB, C als Anfangspunct betrachtet.

Wird $CF = x$ gesetzt, so hat man:

$$w = \frac{\int x . \text{Ebene } EGH . \partial x}{\int \text{Ebene } EGH . \partial x},$$

und es ist der Zähler T dieses Ausdrucks nach 3.

$$= \int x \, . \, \varphi(r - x) \, . \, \partial x$$

$$= \int x \, . \left[h \, . \sqrt{2rx - x^2} - \frac{h}{r}(r - x)^2 \, . \ln \frac{r + \sqrt{2rx - x^2}}{r - x} \right] \partial x,$$

oder, $y^2 = FG^2$ für $2rx - x^2$ geschrieben

$$T = h \int xy \, \partial x - \frac{h}{r} \int \ln \frac{r + y}{r - x} \partial \left[\tfrac{1}{2} r^2 x^2 - \tfrac{2}{3} r x^3 + \tfrac{1}{4} x^4\right]$$

$$= h\left[-\tfrac{1}{3} y^3 + r \int y \, \partial x\right]$$

$$- \frac{h}{12r} \left[(6r^2x^2 - 8rx^3 + 3x^4) \ln \frac{r + y}{r - x} \right.$$

$$\left. - \int (6r^2x^2 - 8rx^3 + 3x^4) \partial \ln \frac{r + y}{r - x} \right]$$

$$= -\frac{hy^3}{3} - \frac{h}{12r}[6r^2x^2 - 8rx^3 + 3x^4] \ln \frac{r + y}{r - x} + hr \int y \, \partial x$$

$$+ \frac{h}{12r} \int [6r^2x^2 - 8rx^3 + 3x^4] \frac{(r - x)^2 + ry + y^2}{y(r - x)(r + y)} \partial x$$

$$= -\frac{hy^3}{3} - \frac{h}{12r}[6r^2x^2 - 8rx^3 + 3x^4] \ln \frac{r + y}{r - x}$$

$$- \frac{hr(r - x)y}{2} - \frac{hr^3}{2} \operatorname{Arc\,Sin} \frac{r - x}{r}$$

$$+ \frac{h}{12} \, . \int [6r^2x^2 - 8rx^3 + 3x^4] \frac{\partial x}{y(r - x)}.$$

Es ist aber

$$p = \int [6r^2x^2 - 8rx^3 + 3x^4] \frac{\partial x}{y(r - x)}$$

gesetzt, und v für $\frac{x}{y}$, oder v^2 für $\frac{x^2}{y^2} = \frac{x}{2r - x}$ geschrieben,

$$p = 8r^3 . \int \frac{6v^4 - 4v^6 + 2v^8}{(1 + v^2)^4 . (1 - v^2)} \partial v$$

$$= 8r^3 \int \left[\frac{6}{(1 + v^2)^4} - \frac{13}{(1 - v^2)^3} + \frac{17}{2(1 + v^2)^2} \right.$$

$$\left. - \frac{7}{4(1 + v^2)} + \frac{1}{4(1 - v^2)} \right] \partial v,$$

und hieraus nach den Integralformeln

$$\int \frac{\partial x}{(1 + x^2)^n} = \frac{x}{2(n - 1)(1 + x^2)^{n-1}} + \frac{2n - 3}{2(n - 1)} \int \frac{\partial x}{(1 + x^2)^{n-1}},$$

$$\int \frac{\partial x}{1+x^2} = \operatorname{Arc\,tg} x \text{ und}$$

$$\int \frac{\partial x}{1-x^2} = \tfrac{1}{2} \ln \frac{1+x}{1-x};$$

$$p = y(r^2+x^2) - 4r^3 \operatorname{Arc\,tg} \frac{x}{y} + r^3 \ln \frac{y+x}{y-x};$$

folglich

$$T = -\frac{hy^3}{3} - \frac{h}{12r}[6r^2x^2 - 8rx^3 + 3x^4] \ln \frac{r+y}{r-x}$$

$$-\frac{hr(r-x)y}{2} - \frac{hr^3}{2} \operatorname{Arc\,Sin} \frac{r-x}{r} + \frac{hy}{12}(r^2+x^2)$$

$$-\frac{hr^3}{3} \operatorname{Arc\,tg} \frac{x}{y} + \frac{hr^3}{12} \ln \frac{y+x}{y-x} + C.$$

Für $x=0$ wird auch $T=0$;

$$\frac{x}{y} = \frac{x}{\sqrt{2rx-x^2}} = \sqrt{\frac{x}{2r-x}} = 0;$$

$$\frac{y+x}{y-x} = \frac{\sqrt{2r-x}+\sqrt{x}}{\sqrt{2r-x}-\sqrt{x}} = 1; \text{ also}$$

$$C = \frac{hr^3}{2} \cdot \frac{\pi}{2};$$

folglich vollständig

$$T = \frac{h}{12} \cdot \Big[-4y^3 - \frac{6r^2x^2 - 8rx^3 + 3x^4}{r} \ln \frac{r+y}{r-x}$$

$$-6r(r-x)y + 6r^3 \operatorname{Arc\,Cos} \frac{r-x}{r} + y(r^2+x^2)$$

$$-4r^3 \operatorname{Arc\,tg} \frac{x}{y} + r^3 \ln \frac{y+x}{y-x}\Big];$$

oder, weil $6r^3 \operatorname{Arc\,Cos} \frac{r-x}{r} = 6r^3 \operatorname{Arc\,tg} \frac{y}{r-x}$

$$= 6r^3 \operatorname{Arc\,tg} \frac{2xy}{2rx-2x^2} = 6r^3 \operatorname{Arc\,tg} \frac{2xy}{y^2-x^2}$$

$$= 6r^3 \operatorname{Arc\,tg} \frac{2 \cdot \frac{x}{y}}{1-\frac{x^2}{y^2}} = 6 \cdot r^3 \cdot 2 \operatorname{Arc\,tg} \frac{x}{y}$$

$= 12r^3 \operatorname{Arc\,tg} \frac{x}{y}$ und $\frac{y+x}{y-x} = \frac{r+y}{r-x}$ ist,

$$T = \frac{h}{12} \cdot \left[-(5r^2 + 2rx - 5x^2)y + 8r^3 \operatorname{Arctg} \frac{x}{y} + \frac{r^4 - 6r^2x^2 + 8rx^3 - 3x^4}{r} \ln \frac{r+y}{r-x} \right].$$

Der Nenner N des Werths für w ist

$$= \int \left[hy - \frac{h}{r}(r-x)^2 \cdot \ln \frac{r+y}{r-x} \right] \partial x, \text{ oder}$$

$$N = h\int y\partial x + \frac{h}{3r}\int \ln \frac{r+y}{r-x} \cdot \partial (r-x)^3$$

$$= h\int y\partial x + \frac{h(r-x)^3}{3r} \ln \frac{r+y}{r-x} - \frac{h}{3r}\int (r-x)^3 \cdot \partial \ln \frac{r+y}{r-x}$$

$$= h\int y\partial x + \frac{h(r-x)^3}{3r} \cdot \ln \frac{r+y}{r-x} - \frac{h}{3}\int \frac{(r-x)^2 \cdot \partial x}{y}$$

$$= h\int y\partial x + \frac{h(r-x)^3}{3r} \cdot \ln \frac{r+y}{r-x} - \frac{h}{3}\int (r-x) \cdot \partial y$$

$$= h\int y\partial x + \frac{h(r-x)^3}{3r} \cdot \ln \frac{r+y}{r-x} - \frac{h(r-x)y}{3} - \frac{h}{3}\int y\partial x$$

$$= -\frac{h(r-x)y}{3} + \frac{h(r-x)^3}{3r} \cdot \ln \frac{r+y}{r-x} + \tfrac{2}{3} h\int y\partial x,$$

und $\int y\partial x = -\tfrac{1}{2}(r-x)y - \frac{r^2}{2} \operatorname{Arc Sin} \frac{r-x}{r}$, folglich

$$N = -\frac{2h}{3}(r-x)y + \frac{h(r-x)^3}{3r} \ln \frac{r+y}{r-x} - \frac{hr^2}{3} \operatorname{Arc Sin} \frac{r-x}{r} + C$$

$$= -\frac{2h}{3}(r-x)y + \frac{h(r-x)^3}{3r} \ln \frac{r+y}{r-x} + \frac{hr^2}{3} \operatorname{Arc Cos} \frac{r-x}{r},$$

oder auch

$$N = \frac{h}{3r}\left[-2r(r-x)y + (r-x)^3 \ln \frac{r+y}{r-x} + r^3 \operatorname{Arc Cos} \frac{r-x}{r} \right]$$

$$= \frac{h}{3r}\left[-2r(r-x)y + (r-x)^3 \ln \frac{r+y}{r-x} + 2r^3 \operatorname{Arc tg} \frac{x}{y} \right],$$

und dann

$$w = \frac{x}{4} \cdot \frac{-(5r^2 + 2rx - 5x^2)ry + 8r^4 \operatorname{Arc tg} \frac{x}{y} + (r^4 - 6r^2x^2 + 8rx^3 - 3x^4) \ln \frac{r+y}{r-x}}{-2(r-x) \cdot ry + 2r^3 \operatorname{Arc tg} \frac{x}{y} + (r-x)^3 \cdot \ln \frac{r+y}{r-x}}.$$

5. Bestimmung der Ordinate t des Schwerpuncts vom Körper EGHC d. h. der Normale aus diesem Schwerpunct auf die Grundebene GHC.

Mit Beibehaltung der Zeichensprache in Nr. 1., ist in der Kreisebene, welche durch QR parallel mit der Grundebene zu legen ist, der Inhalt K des Kreisabschnitts rechts der Sehne QR

$$= (c^2 + z^2) . \operatorname{Arc tg} \frac{z}{c} - c z,$$

oder auch

$$K = \left[c + \frac{r}{h} u\right]^2 . \operatorname{Arc tg} \frac{z}{c} - c z,$$

und demnach

$$t = \frac{\int FP . K . \partial FP}{\int K . \partial FP} \text{ für } FP = FE.$$

Es ist aber der Zähler T′ dieses Ausdrucks

$$= -\int \left[\frac{h(r-c)}{r} - u\right] . \left[\frac{(ch+ru)^2}{h^2} \operatorname{Arc tg} \frac{z}{c} - c z\right] . \partial u,$$

oder $FE = \frac{h(r-c)}{r}$ durch a ausgedrückt:

$$T' = c\int (a-u) z \partial u - \frac{1}{h^2} \int (ch+ru)^2 (a-u) \operatorname{Arc tg} \frac{z}{c} . \partial u.$$

Weil nun: $c\int (a-u) z \partial u = a c \int z \partial u - c \int u z \partial u$

$$= a c \int z \partial u - c \int z . \frac{h^2 z \partial z - h r c \partial u}{r^2}$$

$$= a c \int z \partial u - \frac{ch^2}{r^2} . \frac{z^3}{3} + \frac{h c^2}{r} \int z \partial u$$

$$= \left[a + \frac{h}{r} c\right] . c \int z \partial u - \frac{c h^2 z^3}{3 r^2} = c h \int z \partial u - \frac{c h^2 z^3}{3 r^2}$$

$$= c h . \left[\frac{ch + ru}{2r} z - \frac{hc^2}{2r} \ln \frac{hc + ru + hz}{hc}\right] - \frac{c h^2 z^3}{3 r^2}, \text{ und}$$

$$\frac{1}{h^2} \int (ch + ru)^2 . (a - u) \operatorname{Arc tg} \frac{z}{c} . \partial u$$

$$= \frac{1}{h^2} \int [a c^2 h^2 + (2r - 3c) c h^2 u + (r - 3c) r h u^2$$

$$- r^2 u^3] \operatorname{Arc tg} \frac{z}{c} . \partial u$$

$$= \frac{1}{h^2}\int \mathrm{Arc\,tg}\,\frac{z}{c}\,.\,\partial\Big[a\,c^2\,h^2\,u + \frac{2r-3c}{2}\,c\,h^2\,u^2 + \frac{r-3c}{3}\,r\,h\,u^3 - \frac{r^2}{4}\,.\,u^4\Big]$$

$$= \frac{1}{h^2}\,.\Big[a\,c^2h^2u + \frac{2r-3c}{2}ch^2u^2 + \frac{r-3c}{3}rhu^3 - \frac{r^2}{4}u^4\Big]\mathrm{Arc\,tg}\,\frac{z}{c}$$

$$- \frac{1}{h^2}\,.\int\Big[a\,c^2\,h^2\,u + \frac{2r-3c}{2}\,.\,c\,h^2\,u^2 + \frac{r-3c}{3}\,r\,h\,u^3 - \frac{r^2}{4}\,u^4\Big]\,.\,\frac{c\,h^2\,\partial z}{(c\,h + r\,u)^2},$$

so folgt:

$$T' = \frac{c\,h(c\,h + r\,u)\,z}{2\,r} - \frac{c\,h^2\,z^3}{3\,r^2} - \frac{c^3\,h^2}{2\,r}\,\ln\frac{h\,c + r\,u + h\,z}{h\,c}$$

$$- \frac{12\,a\,c^2\,h^2u + 6(2r-3c)c\,h^2\,u^2 + 4(r-3c)r\,h\,u^3 - 3r^2\,u^4}{12\,h^2}\,\mathrm{Arc\,tg}\,\frac{z}{c}$$

$$+ \frac{c\sqrt{r}}{h}\int\Big[a\,c^2\,h^2\,u + \frac{2r-3c}{2}\,c\,h^2\,u^2 + \frac{r-3c}{3}\,r\,h\,u^3 - \frac{r^2}{4}\,u^4\Big] \times \frac{\partial u}{(c\,h + r\,u)\sqrt{(2\,c\,h + r\,u)\,u}},$$

oder dieß letzte Glied durch L ausgedrückt, und $2\,h\,c + r\,u = p^2\,.\,u$ gesetzt,

$$L = -\tfrac{4}{3}c^3\,h\sqrt{r}\int\frac{\left\{\begin{matrix}3\,a(p^2-r)^3 + 3\,h(2\,r-3\,c)(p^2-r)^2\\ + 4\,r\,h\,(r-3\,c)\,(p^2-r) - 6\,c\,h\,r^2\end{matrix}\right\}}{(p^2+r)(p^2-r)^4}\,.\,\partial p$$

$$= -\frac{4\,c^3\,h^2}{3\sqrt{r}}\int\frac{-r^4 + r^2(r-3c)p^2 - 3r^2\,p^4 + 3(r-c)p^6}{(p^2-r)^4\,.\,(p^2+r)}\,\partial p$$

$$= -\frac{c^3\,h^2}{6\,r\sqrt{r}}\Big[-24\,c\,r^3\int\frac{\partial p}{(p^2-r)^4} + 4\,r^2\,(4r-9c)\int\frac{\partial p}{(p^2-r)^3} + 2\,r\,.\,(8\,r-9\,c)\int\frac{\partial p}{(p^2-c)^2} + (4\,r-3\,c)\int\frac{\partial p}{p^2-r} - (4\,r-3\,c)\int\frac{\partial p}{p^2+r}\Big],$$

und hieraus, nach den Integralformeln:

$$\int\frac{\partial p}{(p^2-r)^n} = -\frac{p}{2\,r(n-1)(p^2-r)^{n-1}} - \frac{2\,n-3}{2r(n-1)}\int\frac{\partial p}{(p^2-r)^{n-1}};$$

$$\int \frac{\partial p}{p^2 - r} = -\frac{1}{2\sqrt{r}} \ln \frac{\sqrt{r}+p}{\sqrt{r}-p};$$

$$\int \frac{\partial p}{p^2 + r} = \frac{1}{\sqrt{r}} \operatorname{Arc tg} \frac{p}{\sqrt{r}};$$

$$L = \frac{c^3 h^2}{6 r^2} \Big[\frac{(2r-3c)p^4 + 2crp^2 - (2r+3c)r^2}{(p^2-r)^3} . p\sqrt{r}$$

$$+ r \ln \frac{\sqrt{r}+p}{\sqrt{r}-p} + (4r-3c) \operatorname{Arc tg} \frac{p}{\sqrt{r}} \Big].$$

Setzt man wieder $\frac{2hc+ru}{u}$ für p^2 oder $\frac{2hcru+r^2u^2}{ru^2}$ für p^2, d. h. $\frac{hz}{u\sqrt{r}}$ für p, so entsteht:

$$L = \frac{c^3 h^2}{6 r^2} \Big[\frac{(2r-3c)ch^2 + 2hr(r-c)u - r^2 u^2}{2h^2c^2} z$$

$$+ r \ln \frac{ru+hz}{ru-hz} + (4r-3c) \operatorname{Arc tg} \frac{hz}{ru} \Big],$$

und folglich ist

$$T' = \frac{c}{12 r^2} [(8r-3c)ch^2 + 2(4r-5c)hru - 5r^2u^2] z$$

$$- \frac{c^3 h^2}{2r} \ln \frac{hc+ru+hz}{hc} + \frac{c^3 h^2}{6r} \ln \frac{ru+hz}{ru-hz}$$

$$- \frac{12ac^2h^2u + 6(2r-3c)ch^2u^2 + 4(r-3c)rhu^3 - 3r^2u^4}{12h^2} \operatorname{Arc tg} \frac{z}{c}$$

$$+ \frac{c^3 h^2 (4r-3c)}{6r^2} \operatorname{Arc tg} \frac{hz}{ru} + C.$$

Es ist aber $\ln \frac{ru+hz}{ru-hz} + C$ einerlei mit $\ln \frac{hz+ru}{hz-ru} + C$, und $\frac{hz+ru}{hz-ru} = \frac{(hz+ru)^2}{h^2z^2-r^2u^2} = \frac{h^2z^2+2hruz+r^2u^2}{2hcru} = \frac{hc+ru+hz}{hc}$; also

$$T' = \frac{c}{12 r^2} [(8r-3c)ch^2 + 2(4r-5c)hru - 5r^2u^2] z$$

$$- \frac{c^3 h^2}{3r} \ln \frac{hc+ru+hz}{hc}$$

$$- \frac{12ac^2h^2u + 6(2r-3c)ch^2u^2 + 4(r-3c)rhu^3 - 3r^2u^4}{12h^2} \operatorname{Arc tg} \frac{z}{c}$$

$$+ \frac{c^3 h^2 (4r-3c)}{6r^2} \operatorname{Arc tg} \frac{hz}{ru} + C.$$

Für $u = EF = a = \frac{h(r-c)}{r}$; also $z = FG = \sqrt{r^2 - c^2}$ wird $T' = 0$ und man erhält:

$$C = -\frac{ch^2}{12r^2}.[3r^2 + 2c^2].\sqrt{r^2-c^2} + \frac{c^3h^2}{3r}\ln\frac{r+\sqrt{r^2-c^2}}{c}$$
$$+ \frac{(r-c)^2h^2}{12r^2}.[r^2 + 2cr + 3c^2]\operatorname{Arc tg}\frac{\sqrt{r^2-c^2}}{c}$$
$$-\frac{c^3h^2(4r-3c)}{6r^2}\operatorname{Arc tg}\sqrt{\frac{r+c}{r-c}}.$$

Somit hat man T' vollständig, und es entsteht aus diesem Resultat, für $u = 0$; also auch $z = 0$, d. h. für $FP = FE$, weil $\frac{hz}{ru} = \sqrt{\frac{2hc+ru}{ru}}$, also unendlich groß ist, für $u = 0$, der Zähler des Werthes für t

$$= -\frac{ch^2}{12r^2}[3r^2 + 2c^2]\sqrt{r^2-c^2} + \frac{c^3h^2}{3r}\ln\frac{r+\sqrt{r^2-c^2}}{c}$$
$$+ \frac{(r-c)^2h^2}{12r^2}[r^2 + 2cr + 3c^2]\operatorname{Arc tg}\frac{\sqrt{r^2-c^2}}{c}$$
$$+ \frac{c^3h^2(4r-3c)}{6r^2}\operatorname{Arc Cotg}\sqrt{\frac{r+c}{r-c}},$$

oder, weil

$$\operatorname{Arc Cotg}\sqrt{\frac{r+c}{r-c}} = \operatorname{Arc tg}\sqrt{\frac{r-c}{r+c}} = \tfrac{1}{2}\operatorname{Arc tg}\frac{\sqrt{r^2-c^2}}{c}$$

ist, dieser Zähler

$$T' = -\frac{ch^2}{12r^2}[3r^2 + 2c^2]\sqrt{r^2-c^2}$$
$$+ \frac{c^3h^2}{3r}\ln\frac{r+\sqrt{r^2-c^2}}{c} + \frac{h^2r^2}{12}\operatorname{Arc tg}\frac{\sqrt{r^2-c^2}}{c}.$$

Der Nenner $N' = \int K.\partial FP$ des Werths von t ist nach dem bisherigen

$$= -\int\left[\frac{(ch+ru)^2}{h^2}\operatorname{Arc tg}\frac{z}{c} - cz\right]\partial u$$
$$= c\int z\partial u - \frac{1}{3rh^2}\int\operatorname{Arc tg}\frac{z}{c}.\partial[ch+ru]^3$$

$$= c\int z\,\partial u - \frac{1}{3rh^2}\cdot\Big[(ch+ru)^3\,\mathrm{Arc\,tg}\,\frac{z}{c} - \int (ch+ru)^3\cdot\frac{ch^2\,\partial z}{[ch+ru]^2}\Big]$$

$$= c\int z\,\partial u - \frac{(ch+ru)^3\,\mathrm{Arc\,tg}\,\frac{z}{c}}{3rh^2} + \frac{c}{3r}\int (ch+ru)\,\partial z$$

$$= -\frac{(ch+ru)^3\,\mathrm{Arc\,tg}\,\frac{z}{c}}{3rh^2} + c\int z\,\partial u + \frac{(ch+ru)cz}{3r} - \frac{c}{3}\int z\,\partial u$$

$$= \frac{(ch+ru)cz}{3r} - \frac{(ch+ru)^3\,\mathrm{Arc\,tg}\,\frac{z}{c}}{3rh^2} + \tfrac{2}{3}c.\Big[\frac{hc+ru}{2r}z - \frac{hc^2}{2r}\ln\frac{hc+ru+hz}{hc}\Big] + C$$

$$= \frac{2(ch+ru)cz}{3r} - \frac{(ch+ru)^3\,\mathrm{Arc\,tg}\,\frac{z}{c}}{3rh^2} - \frac{hc^3}{3r}\ln\frac{hc+ru+hz}{hc} + C.$$

Für $u = a = \frac{h(r-c)}{r}$, also $z = \sqrt{r^2-c^2}$ wird $N' = 0$, und hieraus folgt:

$$C = -\tfrac{2}{3}ch\sqrt{r^2-c^2} + \tfrac{1}{3}hr^2\,\mathrm{Arc\,tg}\,\frac{\sqrt{r^2-c^2}}{c} + \frac{hc^3}{3r}\ln\frac{r+\sqrt{r^2-c^2}}{c};$$

Es ist daher vollständig der Inhalt des Körpers zwischen den parallelen Ebenen GHC und K

$$= \frac{2(ch+ru)cz}{3r} - \tfrac{2}{3}ch\sqrt{r^2-c^2} + \tfrac{1}{3}hr^2\,\mathrm{Arc\,tg}\,\frac{\sqrt{r^2-c^2}}{c} - \frac{(ch+ru)^3}{3rh^2}\,\mathrm{Arc\,tg}\,\frac{z}{c} + \frac{hc^3}{3r}\ln\frac{h(r+\sqrt{r^2-c^2})}{hc+ru+hz};$$

und folglich, wenn in diesem Ausdruck 0 für u gesetzt wird, der Inhalt als Körpers CGHE oder N'

$$= -\tfrac{2}{3}ch\sqrt{r^2-c^2} + \tfrac{1}{3}hr^2\,\mathrm{Arc\,tg}\,\frac{\sqrt{r^2-c^2}}{c} + \frac{hc^3}{3r}\ln\frac{r+\sqrt{r^2-c^2}}{c};$$

oder, wenn $r - x$ für c geschrieben wird, weil

$$2 \operatorname{Arc} \operatorname{tg} \frac{x}{y} = \operatorname{Arc} \operatorname{tg} \frac{y}{r - x} \text{ ist,}$$

$$N' = -\tfrac{2}{3}(r-x)hy + \frac{h(r-x)^3}{3r} \ln \frac{r+y}{r-x} + \tfrac{2}{3}hr^2 \operatorname{Arc} \operatorname{tg} \frac{x}{y},$$

welcher Ausdruck mit dem für N in 4. wie erforderlich ganz übereinstimmt. Setzt man in dem für T′ gefundenen Ausdruck ebenfalls $r - x$ für c, so wird

$$T' = -\frac{h^2(r-x)}{12r^2}[5r^2 - 4rx + 2x^2]y$$

$$+ \frac{h^2(r-x)^3}{3r} \ln \frac{r+y}{r-x} + \frac{h^2r^2}{6} \operatorname{Arc} \operatorname{tg} \frac{x}{y},$$

und es ist somit die Ordinate:

$$t = \frac{h}{4r} \cdot \frac{-(r-x)(5r^2-4rx+2x^2)y + 4r(r-x)^3 \ln \frac{r+y}{r-x} + 2r^4 \operatorname{Arc} \operatorname{tg} \frac{x}{y}}{-2r(r-x) \cdot y + (r-x)^3 \ln \frac{r+y}{r-x} + 2r^3 \operatorname{Arc} \operatorname{tg} \frac{x}{y}}.$$

Beispiel. Ist $x = \frac{2}{5}r$, also $y = \frac{4}{5}r$, so findet man:

$$w = \frac{r}{20} \cdot \frac{-2500 + 5000 \operatorname{Arc} \operatorname{tg} \frac{1}{2} + 297 \ln 3}{-120 + 250 \operatorname{Arc} \operatorname{tg} \frac{1}{2} + 27 \cdot \ln 3} = 0{,}288 \ldots r$$

und

$$t = \frac{h}{20} \cdot \frac{-1116 + 1250 \operatorname{Arc} \operatorname{tg} \frac{1}{2} + 540 \ln 3}{-120 + 250 \operatorname{Arc} \operatorname{tg} \frac{1}{2} + 27 \ln 3} = 0{,}113 \ldots h.$$

§. 7. **Aufgabe.** Ein Kugelabschnitt (Fig. 5.) werde durch die Ebene FHG, normal auf die Grundebene AD, zerschnitten, man soll den Schwerpunct jedes Theils bestimmen.

Auflösung. Ist FG die Durchschnittslinie der den Abschnitt zertheilenden Ebene, mit der Grundebene, so sei in dieser, AD der auf FG normale Durchmesser, $AB = BD = b$; die Höhe BC des Abschnitts $= h$; M der Mittelpunct der Kugel, also $MA = MC = MD = r = \frac{b^2+h^2}{2h}$;

$MB = r - h = \frac{b^2 - h^2}{2h} = a$; N der Mittelpunct der zertheilenden Ebene, also $NE = a$; ferner sei $BE = x$; $EF = EG = y$; $NF = NH = NG = z$; $FH = HG = z . \alpha$, so hat man $z^2 = r^2 - x^2$; $y^2 = b^2 - x^2$; $z \operatorname{Cos} \alpha = a$; also $\operatorname{Cos} \alpha = \frac{a}{\sqrt{r^2 - x^2}}$, ferner $\operatorname{tg} \alpha = \frac{y}{a} = \frac{\sqrt{b^2 - x^2}}{a}$ und Abschnitt $FGH = z^2 (\alpha - \operatorname{Sin} \alpha \operatorname{Cos} \alpha)$; dann, wenn K den Schwerpunct dieses Kreisabschnitts FHG vorstellt, $NK = \frac{2}{3} z . \frac{\operatorname{Sin} \alpha^3}{\alpha - \operatorname{Sin} \alpha \operatorname{Cos} \alpha}$; also $EK = NK - a = \frac{a}{3} . \frac{2 \operatorname{Sin} \alpha^3 - 3 \alpha \operatorname{Cos} \alpha + 3 \operatorname{Sin} \alpha \operatorname{Cos} \alpha^2}{\operatorname{Cos} \alpha (\alpha - \operatorname{Sin} \alpha \operatorname{Cos} \alpha)}$. Bezeichnet nun

1. u die Normale aus dem Schwerpunct des Körpers AGHF auf die Ebene AFG, so ist

$$u = \frac{\int [\text{Abschnitt } FHG . \partial x] . KE}{\int \text{Abschnitt } FHG . \partial x};$$

und der Zähler dieses Ausdrucks ist

$$= \int \frac{a^2}{\operatorname{Cos} \alpha^2} . [\alpha - \operatorname{Sin} \alpha \operatorname{Cos} \alpha] . \frac{a}{3} \times \frac{2 \operatorname{Sin} \alpha^3 - 3 \alpha \operatorname{Cos} \alpha + 3 \operatorname{Sin} \alpha \operatorname{Cos} \alpha^2}{\operatorname{Cos} \alpha (\alpha - \operatorname{Sin} \alpha \operatorname{Cos} \alpha)} . \partial x$$

$$= \frac{a^3}{3} \int \left[2 \operatorname{tg} \alpha^3 - \frac{3 \alpha}{\operatorname{Cos} \alpha^2} + 3 \operatorname{tg} \alpha \right] \partial x$$

$$= \frac{a^3}{3} \left[\frac{2}{a^3} \int (b^2 - x^2)^{\frac{3}{2}} . \partial x - \frac{3}{a^2} \int (r^2 - x^2) \operatorname{Arc} \operatorname{tg} \frac{\sqrt{b^2 - x^2}}{a} \partial x + \frac{3}{a} \int \sqrt{b^2 - x^2} . \partial x \right].$$

Es ist aber

$$\int \sqrt{b^2 - x^2} . \partial x = \frac{r \sqrt{b^2 - x^2}}{2} + \frac{b^2}{2} \operatorname{Arc} \operatorname{Sin} \frac{x}{b}$$

(A. pag. 107. XXII.)

$$= \frac{x y}{2} + \frac{b^2}{2} \operatorname{Arc} \operatorname{Sin} \frac{x}{b};$$

$$\int(b^2-x^2)^{\frac{3}{2}}.\partial x = \frac{x.y^3}{4}+\frac{3}{4}b^2.\int\sqrt{b^2-x^2}.\partial x$$

(A. pag. 136. XLVI.)

$$= \frac{xy^3}{4}+\frac{3b^2xy}{8}+\frac{3b^4}{8}\text{Arc Sin}\frac{x}{b}$$

$$= \frac{1}{8}\left[[3b^2+2y^2]xy+3b^4\text{Arc Sin}\frac{x}{b}\right];$$

$$\int(r^2-x^2)\text{Arc tg}\frac{\sqrt{b^2-x^2}}{a}.\partial x$$

$$= \frac{1}{3}\int\text{Arc tg}\frac{\sqrt{b^2-x^2}}{a}.\partial(3r^2x-x^3)$$

$$= \frac{x(3r^2-x^2)}{3}\text{Arc tg}\frac{\sqrt{b^2-x^2}}{a}$$

$$-\frac{1}{3}\int(3r^2x-x^3)\,\partial\,\text{Arc tg}\frac{\sqrt{b^2-x^2}}{a},$$

und

$$p = \int(3r^2x-x^3)\,\partial\,\text{Arc tg}\frac{\sqrt{b^2-x^2}}{a}$$

$$= -a\int\frac{(3r^2-x^2)x^2\partial x}{(r^2-x^2)\sqrt{b^2-x^2}},$$

also $\frac{x}{\sqrt{b^2-x^2}} = w$ gesetzt:

$$p = -ab^2\int\frac{[3r^2+(3r^2-b^2)w^2]w^2\partial w}{[r^2+a^2w^2][1+w^2]^2}$$

$$= -ab^2.\int\frac{2r^2(1+w^2)+r^2+a^2w^2}{(r^2+a^2w^2)(1+w^2)^2}.w^2\partial w$$

$$= -ab^2.\left[2r^2\int\frac{w^2\partial w}{(r^2+a^2w^2)(1+w^2)}+\int\frac{w^2\partial w}{(1+w^2)^2}\right]$$

$$= -ab^2.\left[\frac{2r^4}{b^2}\int\frac{\partial w}{r^2+a^2w^2}-\frac{2r^2}{b^2}\int\frac{\partial w}{1+w^2}+\int\frac{w^2\partial w}{(1+w^2)^2}\right]$$

$$= -2ar^4.\frac{1}{ar}\text{Arc tg}\frac{aw}{r}+2ar^2\text{Arc tg}\,w$$

$$-\frac{ab^2}{2}\left[-\frac{w}{1+w^2}+\int\frac{\partial w}{1+w^2}\right]$$

$$= -2r^3\text{Arc tg}\frac{ax}{ry}+\frac{a}{2}xy+\frac{a(4r^2-b^2)}{2}\text{Arc tg}\frac{x}{y};$$

folglich,

$$\int (r^2 - x^2)\,\mathrm{Arc\,tg}\,\frac{\sqrt{b^2 - x^2}}{a}\,\partial x$$

$$= \tfrac{1}{3}x(3r^2 - x^2)\,\mathrm{Arc\,tg}\,\frac{y}{a} + \tfrac{2}{3}r^3\,\mathrm{Arc\,tg}\,\frac{ax}{ry} - \frac{a}{6}xy$$

$$- \frac{a(4r^2 - b^2)}{6}\,\mathrm{Arc\,tg}\,\frac{x}{y},$$

und demnach wenn man diese Werthe substituirt und $\mathrm{Arc\,Sin}\,\frac{x}{b}$ für $\mathrm{Arc\,tg}\,\frac{x}{y}$ schreibt, der Zähler des Werths für u

$$= \frac{8a^2 + 3b^2 + 2y^2}{12}\,xy + \frac{8a^4 + 12a^2b^2 + 3b^4}{12}\,\mathrm{Arc\,Sin}\,\frac{x}{b}$$

$$- \frac{ax(3r^2 - x^2)}{3}\,\mathrm{Arc\,tg}\,\frac{y}{b} - \frac{2ar^3}{3}\,\mathrm{Arc\,tg}\,\frac{ax}{ry} + C.$$

Für $x = -b$ wird dieser Zähler $= 0$; also

$$C = \frac{8a^4 + 12a^2b^2 + 3b^4}{12}\cdot\frac{\pi}{2} - \frac{2ar^3}{3}\cdot\frac{\pi}{2};$$

und demnach der vollständige Zähler

$$= \frac{8a^2 + 3b^2 + 2y^2}{12}\,xy + \frac{8a^4 + 12a^2b^2 + 3b^4}{12}\left[\frac{\pi}{2} + \mathrm{Arc\,Sin}\,\frac{x}{b}\right]$$

$$- \frac{ax(3r^2 - x^2)}{3}\,\mathrm{Arc\,tg}\,\frac{y}{a} - \frac{2ar^3}{3}\left[\frac{\pi}{2} + \mathrm{Arc\,tg}\,\frac{ax}{ry}\right].$$

Ferner der Nenner des Werths für u

$$= \int \frac{a^2}{\mathrm{Cos}\,\alpha^2}\,[\alpha - \mathrm{Sin}\,\alpha\,\mathrm{Cos}\,\alpha]\,\partial x$$

$$= \int (r^2 - x^2)\,\mathrm{Arc\,tg}\,\frac{\sqrt{b^2 - x^2}}{a}\,\partial x - a\int \sqrt{b^2 - x^2}\,.\,\partial x$$

$$= \tfrac{1}{3}x[3r^2 - x^2]\,\mathrm{Arc\,tg}\,\frac{y}{a} + \tfrac{2}{3}r^3\,\mathrm{Arc\,tg}\,\frac{ax}{ry}$$

$$- \frac{a}{3}(2r^2 + b^2)\,\mathrm{Arc\,Sin}\,\frac{x}{b} - \tfrac{2}{3}axy + C$$

$$= \frac{\pi h^2}{6}[3r - h] + \frac{x}{3}[3r^2 - x^2]\,\mathrm{Arc\,tg}\,\frac{y}{a} + \tfrac{2}{3}r^3\,\mathrm{Arc\,tg}\,\frac{ax}{ry}$$

$$- \frac{a}{3}(2r^2 + b^2)\,\mathrm{Arc\,Sin}\,\frac{x}{b} - \tfrac{2}{3}axy;$$

folglich

$$u = \Big[\pi h^3 (4r - h) + 2(8a^2 + 3b^2 + 2y^2)xy$$
$$+ 2(8a^4 + 12a^2 b^2 + 3b^4) \text{Arc Sin} \frac{x}{b}$$
$$- 8ax(3r^2 - x^2) \text{Arc tg} \frac{y}{a} - 16ar^3 \text{Arc tg} \frac{ax}{ry}\Big] :$$
$$\Big[4\pi h^2 (3r - h) + 8x(3r^2 - x^2) \text{Arc tg} \frac{y}{a}$$
$$+ 16r^3 \text{Arc tg} \frac{ax}{ry} - 8a(2r^2 + b^2) \text{Arc Sin} \frac{x}{b} - 16axy\Big].$$

Bezeichnet nun

2tens v die Abscisse zu u, d. h. den Abstand auf AD von A ab, bis zu der Stelle wo die Normale u den Durchmesser AD trifft, so ist

$$v = \frac{\int[\text{Abschnitt FHG} . \partial x](b + x)}{\int[\text{Abschnitt FHG} . \partial x]},$$

und der Zähler dieses Ausdrucks ist =

$$b . \text{Nenner} + \int(r^2 x - x^3) \text{Arc tg} \frac{\sqrt{b^2 - x^2}}{a} . \partial x$$
$$- a \int x \sqrt{b^2 - x^2} . \partial x.$$

Es ist aber das 2te Glied

$$= - \int(a^2 + y^2) y \partial y . \text{Arc tg} \frac{y}{a}$$
$$= - \int \text{Arc tg} \frac{y}{a} . \partial [\tfrac{1}{2} a^2 y^2 + \tfrac{1}{4} y^4]$$
$$= - \tfrac{1}{4} . [2a^2 y^2 + y^4] \text{Arc tg} \frac{y}{a} + \tfrac{1}{4} \int(2a^2 y^2 + y^4) \frac{a \partial y}{a^2 + y^2}$$
$$= - \tfrac{1}{4} [2a^2 y^2 + y^4] \text{Arc tg} \frac{y}{a} + \frac{a}{4} . \int y^2 \partial y + \frac{a^3}{4} . \int \frac{y^2 \partial y}{a^2 + y^2}$$
$$= - \tfrac{1}{4} [2a^2 y^2 + y^4] \text{Arc tg} \frac{y}{a} + \frac{ay^3}{12}$$
$$+ \frac{a^3}{4} . \Big[\int \partial y - a^2 \int \frac{\partial y}{a^2 + y^2}\Big]$$
$$= - \tfrac{1}{4} [2a^2 y^2 + y^4] \text{Arc tg} \frac{y}{a} + \frac{ay^3}{12} + \frac{a^3 y}{4} - \frac{a^4}{4} \text{Arc tg} \frac{y}{a}$$

$$= \frac{a\,y}{12}[3\,a^2 + y^2] - \tfrac{1}{4}[a^2 + y^2]^2 \,\text{Arc tg}\,\frac{y}{a}$$

$$= \frac{a\,y}{12}[3\,a^2 + y^2] - \tfrac{1}{4}\,.\,z^4 \,\text{Arc tg}\,\frac{y}{a},$$ und

$$-a\int x\sqrt{b^2 - x^2}\,.\,\partial x = a\int y^2\,\partial y = \frac{a y^3}{3};$$

daher dieser Zähler $=$ bmal dem Nenner $+ \frac{a\,y}{12}[3\,a^2 + 5\,y^2]$ $- \tfrac{1}{4} z^4 \,\text{Arc tg}\,\frac{y}{a} + C =$ bmal dem vollständigen Nenner $+ \frac{a\,y}{12}[3\,a^2 + 5\,y^2] - \tfrac{1}{4} z^4 \,\text{Arc tg}\,\frac{y}{a}$; und demnach

$$v = b + \left[a\,y(3a^2 + 5y^2) - 3z^4 \,\text{Arc tg}\,\frac{y}{a}\right] : \Big[2\pi h^2 (3r - h) + 4x(3\,r^2 - x^2)\,\text{Arc tg}\,\frac{y}{a} + 8\,r^3 \,\text{Arc tg}\,\frac{a\,x}{r\,y} - 4\,a(2\,r^2 + b^2)\,\text{Arc Sin}\,\frac{x}{b} - 8\,a\,x\,y\Big].$$

Beispiele. 1. Für $x = b$; erhält man

$$u = \frac{h}{4}\,.\,\frac{4\,r - h}{3\,r - h};$$ und $v = b$;

2. Für $x = 0$; wird $u = \frac{h}{4}\,.\,\frac{4\,r - h}{3\,r - h}$; und $v =$ $b\left[1 + \frac{a(3\,a^2 + 5\,b^2)}{2\pi h^2 (3r - h)}\right] - \frac{3\,r^4}{2\pi h^2 (3\,r - h)} \,\text{Arc tg}\,\frac{b}{a}$, und hieraus, wenn $b = h = r$; also $a = 0$ ist, $v = \tfrac{5}{8} r$.

§. 8. Aufgabe. Den Schwerpunct eines Hufes zu bestimmen.

Auflösung. Es sei $AR = 2\,r$ der Durchmesser der Grundebene des Cylinders, von welchem durch die Ebene BQP (Fig. 6.) der hufförmige Körper ABPQ abgeschnitten ist; die Höhe $AB = h$; $AC = a$; man nehme auf AR die veränderliche Länge $AD = x$, ziehe EN durch D normal auf AR, setze $ED = DN = \sqrt{2\,r\,x - x^2} = y$, und lege durch EN parallel mit der Achse des Cylinders durch den Huf die Ebene EFKN, so ist DE = EF = NK $= \frac{h(a-x)}{a}$, und also der Inhalt fx des rechtwinkligen Parallelogramms EFKN $= 2y.\frac{h(a-x)}{a}$; folglich die Entfernung des Schwerpunctes des Hufes von AB [den Cylinder normal vorausgesetzt, so daß also $\angle BAR = \frac{\pi}{2}$ ist] $= \varphi x$ gesetzt,

$$\varphi x = \frac{\int x.fx}{\int fx}$$

$$= \frac{\int x.\frac{2b}{a}(a-x).y\partial x}{\int \frac{2h}{a}(a-x).y.\partial x} = \frac{\frac{2h}{a}\int (ax-x^2)\sqrt{2rx-x^2}\partial x}{\frac{2h}{a}\int (a-x)\sqrt{2rx-x^2}.\partial x}.$$

Es ist aber:

$$\int \sqrt{2rx-x^2}.\partial x = -\tfrac{1}{2}(r-x)\sqrt{2rx-x^2} + \tfrac{1}{2}r^2\int\frac{\partial x}{\sqrt{2rx-x^2}}$$

$$= -\tfrac{1}{2}(r-x)\sqrt{2rx-x^2} + \tfrac{1}{2}r^2 \text{ Arc Cos}\frac{r-x}{r};$$

$$\int x\sqrt{2rx-x^2}.\partial x = -\tfrac{1}{3}y^3 + r.\int\sqrt{2rx-x^2}.\partial x$$

$$= -\tfrac{1}{3}.y^3 - \tfrac{1}{2}r(r-x)y + \tfrac{1}{2}r^3 \text{ Arc Cos}\frac{r-x}{r};$$

und

$$\int x^2.\sqrt{2rx-x^2}.\partial x = -\tfrac{1}{4}.[y^3.x - 5r\int x\sqrt{2rx-x^2}\partial x]$$

$$= -\tfrac{1}{4}xy^3 + \tfrac{5}{4}r.\left[-\tfrac{1}{3}y^3 - \tfrac{1}{2}r(r-x)y + \tfrac{1}{2}r^3 \text{ Arc Cos}\frac{r-x}{r}\right]$$

$$= -\tfrac{1}{4}xy^3 - \tfrac{5}{12}ry^3 - \tfrac{5}{8}r^2(r-x)y + \tfrac{5}{8}r^4 \text{ Arc Cos}\frac{r-x}{r};$$

folglich der Zähler, oder

$$\int xfx = \frac{h}{12a}\Big[[(5r-4a)(r+x)(3r-2x) + 6x^2(2r-x)]y + 3r^3(4a-5r)\text{ Arc Cos}\frac{r-x}{r}\Big],$$

und der Nenner, oder

$$\int f x = \frac{h}{3a}\Big[[(3r-2x)(r+x)+3a(x-r)]y$$
$$+3r^2(a-r)\,\mathrm{Arc\,Cos}\frac{r-x}{r}\Big],$$

und also

$$\varphi x =$$
$$\frac{1}{4}\cdot\frac{[(5r-4a)(r+x)(3r-2x)+6x^2(2r-x)]y+3r^3(4a-5r)\,\mathrm{Arc\,Cos}\frac{r-x}{r}}{[(3r-2x)(r+x)+3a(x-r)]y+3r^2(a-r)\,\mathrm{Arc\,Cos}\frac{r-x}{r}}.$$

Um nun auch die Entfernung Fz des Schwerpunctes dieses Hufs von der Grundebene zu bestimmen, sei $DG = AV = z$ und der Inhalt des mit der Grundebene parallelen Kreisabschnitts $FVK = \psi z$, so hat man

$$Fz = \frac{\int z\psi z}{\int \psi z}.$$

Es ist aber $z = \frac{h(a-x)}{a}$; oder den Mittelpuncts-Bogen-Winkel zur Sehne $FK = 2\alpha$ gesetzt, so daß also $r\,\mathrm{Cos}\,\alpha = r - x$, folglich $x = r - r\,\mathrm{Cos}\,\alpha$ ist,

$$z = \frac{h}{a}[a - r + r\,\mathrm{Cos}\,\alpha], \text{ und daher}$$

$\psi z = r^2\alpha - r^2\,\mathrm{Sin}\,\alpha\,\mathrm{Cos}\,\alpha,\quad \partial z = -\frac{hr}{a}\mathrm{Sin}\,\alpha\,\partial\alpha,$

demnach der Zähler $\int z\psi z.\partial z$

$$= -\frac{h}{a}\int(a-r+r\,\mathrm{Cos}\,\alpha).r^2(\alpha-\mathrm{Sin}\,\alpha\,\mathrm{Cos}\,\alpha)\frac{hr}{a}\mathrm{Sin}\,\alpha\,\partial\alpha$$

$$= -\frac{h^2r^3}{a^2}[-(a-r)\int\alpha\,\partial\,\mathrm{Cos}\,\alpha-(a-r)\int\mathrm{Sin}\,\alpha^2\,\partial\,\mathrm{Sin}\,\alpha$$
$$+r\int\alpha\,\mathrm{Sin}\,\alpha\,\partial\alpha - r\int\mathrm{Sin}\,\alpha^2\,\mathrm{Cos}\,\alpha^2\,\partial\alpha].$$

$$= \frac{h^2r^3}{a^2}\Big[(a-r)(\alpha\,\mathrm{Cos}\,\alpha-\mathrm{Sin}\,\alpha)+\tfrac{1}{3}(a-r)\,\mathrm{Sin}\,\alpha^3$$
$$-\tfrac{1}{2}r(\alpha\,\mathrm{Sin}\,\alpha^2-\int\mathrm{Sin}\,\alpha^2\,\partial\alpha)+\frac{r}{8}\int(\mathrm{Sin}\,2\alpha)^2.\partial(2\alpha)\Big]$$

$$= \frac{h^2r^3}{a^2}\Big[(a-r)[\alpha\,\mathrm{Cos}\,\alpha-\mathrm{Sin}\,\alpha+\tfrac{1}{3}\mathrm{Sin}\,\alpha^3]-\tfrac{1}{2}r\alpha\,\mathrm{Sin}\,\alpha^2$$
$$+\tfrac{1}{4}r[\alpha-\mathrm{Sin}\,\alpha\,\mathrm{Cos}\,\alpha]+\frac{r}{16}[2\alpha-\mathrm{Sin}\,2\alpha\,\mathrm{Cos}\,2\alpha]\Big]+C.$$

Für $z=0$; also $\mathrm{Cos}\,\alpha = \frac{r-a}{r}$ wird der Zähler $= 0$, und hieraus erhält man die Constante.

Eben so findet man den Nenner

$$\int \psi z = \frac{h r^3}{a}[\alpha - \mathrm{Cos}\,\alpha - \mathrm{Sin}\,\alpha + \tfrac{1}{3}\mathrm{Sin}\,\alpha^3] + C,$$

und für $z=0$, also $\mathrm{Cos}\,\alpha = \frac{r-a}{r}$, den Werth der zugehörigen Const. Für den ganzen Huf, also für $x = a$ und $z = h$ erhält man:

$$\varphi a = \frac{1}{4}\cdot\frac{(15r^3-7ar^2-2a^2r+2a^3)\sqrt{2ra-a^2}+3r^3(4a-5r)\,\mathrm{Arc\,Cos}\,\frac{r-a}{r}}{(3r^2-2ar+a^2)\sqrt{2ra-a^2}+3r^2(a-r)\,\mathrm{Arc\,Ces}\,\frac{r-a}{r}}.$$

$$Fh = \frac{h}{8a}\cdot\frac{\frac{a-r}{3r^2}(15r^2-4ar+2a^2)\sqrt{2ar-a^2}+(5r^2-8ar+4a^2)\,\mathrm{ArcCos}\,\frac{r-a}{r}}{\frac{3r^2-2ar+a^2}{3r^2}\cdot\sqrt{2ar-a^2}+(a-r)\,\mathrm{ArcCos}\,\frac{r-a}{r}}.$$

Ist $a = 2r$, also der Huf ein halber Cylinder, so wird:

$$\varphi a = \tfrac{3}{4}r;$$
$$Fh = \tfrac{5}{16}h.$$

Ist $a = r$, so entsteht:

$$\varphi a = \frac{16-3\pi}{16}\cdot r \text{ und}$$

$$Fh = \frac{3\pi}{32}\cdot h.$$

§. 9. **Aufgabe.** In zwei Puncten A, C, deren horizontaler Abstand $AB = a$ (Fig. 7.) und deren lothrechter Abstand $BC = b$ ist, ist ein als gewichtlos anzusehendes vollkommen biegsames Seil befestigt, welches in allen seinen Puncten mit einer in derselben Verticalebene befindlichen, nach horizontaler Richtung gleichförmig vertheilten

Last verbunden ist; man soll die Gleichung für die Curve finden, welche das Seil bilden wird.

Auflösung. Die Belastung auf jede horizontale Längeneinheit sei $= p$; also die ganze Belastung $= ap$; die fürs Gleichgewicht mit ap in A nach der Richtung der Tangente daselbst erforderliche Kraft $= V$; der Winkel welchen die Tangente in A mit der Verticallinie bildet $= \alpha$; die fürs Gleichgewicht mit ap in C erforderliche Kraft nach der Richtung der Tangente der Curve in C sei $= W$, und der Winkel ihrer Richtung mit der Verticallinie $= \beta$; man nehme AB als Absciſſenlinie, A als Anfangspunct der Absciſſen, setze jede Absciſſe $AD = x$ die zugehörige normale Ordinate DE der Curve $= y$, und bezeichne die Kraft, welche in E nach der Richtung der Tangente fürs Gleichgewicht mit $(a-x)p$ und W erforderlich ist, durch Fx, den Winkel welchen diese Tangente mit DE bildet, durch δ, so hat man die Bedingungsgleichungen des Gleichgewichts:

$$1.\quad Fx \operatorname{Cos}\delta + W \operatorname{Cos}\beta = (a-x)p \text{ und}$$

$$2.\quad Fx \operatorname{Sin}\delta = W \operatorname{Sin}\beta.$$

Eliminirt man Fx aus den beiden Gleichungen 1. und 2., so entsteht:

$$3.\quad \operatorname{tg}\delta = \frac{W \operatorname{Sin}\beta}{p(a-x) - W \operatorname{Cos}\beta};$$

und weil

$$4.\quad \operatorname{Cotg}\delta = \frac{\partial y}{\partial x} \text{ (A. §. 136.)}$$

ist, so folgt aus 3. und 4.

$$5.\quad 1 = \frac{W \operatorname{Sin}\beta}{pa - W \operatorname{Cos}\beta - px} \cdot \frac{\partial y}{\partial x},$$

und hieraus

$$6.\quad \partial y = \left[\frac{pa - W \operatorname{Cos}\beta}{W \operatorname{Sin}\beta} - \frac{p}{W \operatorname{Sin}\beta} x\right] \partial x;$$

also, wenn man integrirt:

$$7.\quad y = \frac{pa - W \operatorname{Cos}\beta}{W \operatorname{Sin}\beta} x - \frac{p}{2 W \operatorname{Sin}\beta} . x^2,$$

wo keine Constante hinzukommt, weil x und y zugleich verschwinden.

Aus der Gleichung 7. erhellet, daß die Curve, für jede Länge, welche das Seil haben mag, allemal eine Parabel ist (A. §. 148.).

§. 10. Zusatz. Soll die größte Ordinate FG = h und die zugehörige Absciſſe AF = c bestimmt werden, so hat man für den Punct G, $\delta = \frac{\pi}{2}$; folglich aus 3.

$$\frac{p(a-c) - W \operatorname{Cos}\beta}{W \operatorname{Sin}\beta} = 0,$$

und hieraus:

$$8.\quad c = a - \frac{W \operatorname{Cos}\beta}{p},$$ und dann aus 7.

$$9.\quad h = \frac{(pa - W \operatorname{Cos}\beta)^2}{2pW \operatorname{Sin}\beta} = \frac{pc^2}{2W \operatorname{Sin}\beta}.$$

und dann auch den Achsen-Parameter e dieser Parabel $= \frac{c^2}{h}$, oder:

$$10.\quad e = \frac{2W \operatorname{Sin}\beta}{p}.$$

Die Länge des Bogens GA erhält man (A. §. 157.) nemlich:

$$11.\quad GA = \frac{\sqrt{c^2 + 4h^2}}{2} + \frac{c^2}{4h} \ln \frac{2h + \sqrt{c^2 + 4h^2}}{c},$$

und eben so:

$$12.\quad GC = \frac{\sqrt{(a-c)^2 + 4(h-b)^2}}{2}$$
$$+ \frac{(a-c)^2}{4(h-b)} \ln \frac{2(h-b) + \sqrt{(a-c)^2 + 4(h-b)^2}}{a-c}.$$

Beispiel 1. Es sei gegeben: a; b = 0; p und h; man soll W, β; V, α und die Länge l des Seils durch a, h, p bestimmen. Diese 5 unbekannten Größen ergeben sich aus den folgenden fünf Gleichungen:

1. $V \operatorname{Cos} \alpha + W \operatorname{Cos} \beta = p a$, siehe 1. im vor. §.
2. $V \operatorname{Sin} \alpha = W \operatorname{Sin} \beta$, siehe 2. in vor. §.
3. $0 = \frac{pa - W \operatorname{Cos} \beta}{W \operatorname{Sin} \beta} . a - \frac{p}{2 W \operatorname{Sin} \beta} . a^2$, siehe 7. im vor. §.
4. $h = \frac{(pa - W \operatorname{Cos} \beta)^2}{2p W \operatorname{Sin} \beta}$, siehe 9. und
5. $l = 2 . AG = \sqrt{c^2 + 4h^2} + \frac{c^2}{2h} \ln \frac{2h + \sqrt{c^2 + 4h^2}}{c}$,

in welcher letzten Gleichung unter c der Ausdruck $a - \frac{W \operatorname{Cos} \beta}{p}$ zu verstehen ist.

Man erhält leicht:

$$\alpha = \beta = \operatorname{Arc} \operatorname{tg} \frac{a}{4h};$$

$$W = V = \frac{pa}{8h} \sqrt{a^2 + 16h^2},$$

$$l = \tfrac{1}{2} \sqrt{a^2 + 16h^2} + \frac{a^2}{8h} \ln \frac{4h + \sqrt{a^2 + 16h^2}}{a},$$

und die Gleichung:

$$y = \frac{4h}{a} x - \frac{4h}{a^2} x^2.$$

Ist a = 48, h = 5, p = 100, so wird $\alpha = \beta = 67° 23'$, W = V = 6240; l = 49,3547 .... und

$$y = \tfrac{5}{12} x - \tfrac{5}{576} x^2.$$

Beispiel 2. Ist a, b = 0, p und V gegeben so erhält man aus den 5 Gleichungen:

$$\alpha = \operatorname{Arc} \operatorname{Cos} \frac{pa}{2V};$$

$$W = V;$$
$$\beta = \alpha;$$
$$h = \frac{p a^2}{4\sqrt{4 V^2 - p^2 a^2}};$$
$$l = \frac{a V}{\sqrt{4 V^2 - p^2 a^2}} + \frac{\sqrt{4 V^2 - p^2 a^2}}{4 p} \ln \frac{2V + p a}{2V - p a}.$$

§. 11. **Aufgabe.** Ein cylindrischer Zapfen mit lothrechter Achse endigt sich in einem Kugelabschnitt, dessen begränzende an den Cylinder sich anschließende Kreisebene also in horizontaler Lage sich befindet. Das Zapfenlager ist derselben Krümmung entsprechend ausgehölt, und der Zapfen wird mit der Gewalt W lothrecht auf das Zapfenlager gedrückt; man soll das Widerstands-Moment der in dem Zapfenlager entstehenden Reibung in Beziehung auf die Achse des Zapfens bestimmen.

Auflösung. Der Kugelhalbmesser der sich berührenden Calotten sei $= r$, der dem zugehörigen Mittelpuncts-Winkel entsprechende Bogen für den Halbmesser Eins sei $= 2\alpha$; x ein veränderlicher Theil von α, von der Achse des Cylinders ab gemessen; φx der Theil von W, welcher lothrecht auf die Calotte zu x drückt, $F x$ das Moment der aus φx entspringenden Reibung auf der Calotte zu x, in Beziehung auf die Achse des Zapfens, μ der Reibungs-Coefficient, d. h. der aus Erfahrungen als gefunden zu betrachtende Factor, womit der **Normaldruck** zu multipliciren ist, um den Reibungs-Widerstand zu erhalten, so ist $F(x+k) - F x$ das Moment des Reibungs-Widerstandes, welcher sich in der Zone

$2 r \pi [r \operatorname{Cos} x - r \operatorname{Cos}(x+k)]$ der drehenden Bewegung um die Achse des Zapfens widersetzt, und $\varphi(x+k) - \varphi x$

der lothrechte Druck auf diese Zone, aus welchem ein Normaldruck entspringt, der zwischen $[\varphi(x+k)-\varphi x]\,\mathrm{Cos}\,x$ und $[\varphi(x+k)-\varphi x]\,\mathrm{Cos}\,(x+k)$ fällt, also durch $[\varphi(x+k)-\varphi x]\,\mathrm{Cos}\,(x+k')$ auszudrücken ist, unter k' einen Bogen verstanden, der größer wie Null und kleiner wie k ist. Der aus diesem Normaldruck entspringende Reibungs-Widerstand ist daher =
$\mu[\varphi(x+k)-\varphi x]\,\mathrm{Cos}\,(x+k')$, und der Hebelsarm dieses Widerstands fällt zwischen $r\,\mathrm{Sin}\,x$ und $r\,\mathrm{Sin}\,(x+k)$, kann also durch $r\,\mathrm{Sin}\,(x+k'')$ ausgedrückt werden, wenn k'' eine mit der von k' übereinstimmende Bedeutung hat. Es ist demnach das Moment des erwähnten Reibungs-Hindernisses auch durch

$$\mu[\varphi(x+k)-\varphi x]\,\mathrm{Cos}\,(x+k')\,.\,r\,\mathrm{Sin}\,(x+k'')$$

darzustellen, und folglich:

$$F(x+k)-Fx=\mu[\varphi(x+k)-\varphi x]\mathrm{Cos}(x+k')\,r\,\mathrm{Sin}(x+k''),$$

aus welcher Gleichung, wenn man die Taylorsche Reihe anwendet, dann mit k dividirt, und endlich Null für **k**, also auch für k' und k'' schreibt, sich leicht

$$F'x = r\,.\,\mu\,.\,\varphi' x\,.\,\mathrm{Sin}\,x\,\mathrm{Cos}\,x, \text{ also}$$

$$Fx = \mu r\int \varphi' x\,.\,\mathrm{Sin}\,x\,\mathrm{Cos}\,x \text{ ergiebt.}$$

Die Bestimmung von φx hängt von der Vertheilung des Drucks auf mehrere Unterstützungspuncte ab, und da dieses Problem noch nicht allgemein gelößt ist, so kann hier der Werth von φx nur aus der Annahme entnommen werden, daß sich W gleichförmig vertheilt, daß also mit großer Wahrscheinlichkeit sich W zu φx verhält, wie die horizontale Projection der Calotte zu α zu der, der Calotte zu x, also wie $[r\,\mathrm{Sin}\,\alpha]^2 : [r\,\mathrm{Sin}\,x]^2$, woraus

$\varphi x = \frac{W \sin x^2}{\sin \alpha^2}$, und hieraus $\varphi' x = \frac{2W}{\sin \alpha^2} . \sin x \cos x \partial x$ folgt. Man hat demnach

$$Fx = \frac{2\mu r W}{\sin \alpha^2} . \int \sin x^2 . \cos x^2 . \partial x, \text{ oder}$$

$$Fx = \frac{\mu r W}{4 \sin \alpha^2} . \int [\sin 2x]^2 . \partial (2x)$$

$$= \frac{\mu r W}{8 \sin \alpha^2} [2x - \sin 2x \cos 2x] + C \text{ (A. p. 148.)},$$

also

$$F\alpha = \frac{\mu r W}{8 \sin \alpha^2} . [2\alpha - \sin 2\alpha \cos 2\alpha].$$

Für $\alpha = \frac{1}{2}\pi$, also für die Halbkugel folgt aus dieser Formel:

$$F\frac{\pi}{2} = \frac{\pi}{8} . r . \mu W.$$

§. 12. Zusatz. Nimmt man an, daß die Vertheilung des Drucks in Verhältniß der gedrückten Flächen erfolgt, so verhält sich W zu φx wie die Calotte zu α zu der zu x gehörigen, also

$$W : \varphi x = 2r\pi . r \operatorname{Sinv} \alpha : 2r\pi . r \operatorname{Sinv} x,$$

und folglich wäre:

$$\varphi x = \frac{W}{\operatorname{Sinv} \alpha} . \operatorname{Sinv} x, \text{ also}$$

$$\varphi' x = \frac{W}{\operatorname{Sinv} \alpha} . \sin x . \partial x, \text{ und demnach}$$

$$Fx = \frac{\mu r W}{\operatorname{Sinv} \alpha} \int \sin x^2 \cos x \partial x = \frac{\mu r W}{\operatorname{Sinv} \alpha} \int \sin x^2 . \partial \sin x$$

$$= \frac{\mu r W}{\operatorname{Sinv} \alpha} . \frac{\sin x^3}{3}; \text{ also}$$

$$F\alpha = \frac{\mu r W}{3 \operatorname{Sinv} \alpha} . \sin \alpha^3.$$

Für $\alpha = \frac{\pi}{2}$, also für die Halbkugel hätte man dann $F\frac{\pi}{2} = \frac{1}{3} r \mu W$, so daß sich ersteres Resultat zu letzterem $= \frac{\pi}{8} : \frac{1}{3}$ wie 33 : 28 verhält.

§. 13. Aufgabe. Die Gleichung zwischen rechtwinklichten Ordinaten für diejenige Curve zu bestimmen, welche die Eigenschaft hat, daß die zu jeder Abscisse x und zugehörigen Ordinate y gehörige Ebene als Grundebene eines normalen Prismens von der Höhe b gewählt, dessen Gewichts-Einheit = p ist, einen Körper erzeugt, dessen Standfähigkeit in Beziehung auf die horizontal gedachte Kante b desselben, als Momenten-Achse, welche durch den Endpunct von y geht, y selbst horizontal und x vertical gedacht, mit der gegebenen unveränderlichen Kraft P, die im Anfangspunct der Abscissen unter dem Winkel α mit x, auf Umwerfung des Prismens um die erwähnte Momenten-Achse wirkt, im Gleichgewicht ist.

Auflösung. Es ist die aus P entspringende horizontale Wirkung $= P \operatorname{Sin} \alpha$; ihr Hebelsarm $= x$ (Fig. 8.); also ihr Moment $= P \operatorname{Sin} \alpha . x$; die aus P entspringende verticale Wirkung $= P \operatorname{Cos} \alpha$; ihr Hebelsarm $= y$, also ihr Moment $= P \operatorname{Cos} \alpha . y$; ferner das Widerstands-Moment des Prismens $= \int y \partial x . b . p . \frac{1}{2} y$; folglich die Bedingungsgleichung

$$P \operatorname{Sin} \alpha . x = P \operatorname{Cos} \alpha . y + \frac{bp}{2} \int y^2 . \partial x, \text{ und hieraus}$$

$$2P \operatorname{Sin} \alpha . \partial x = 2P \operatorname{Cos} \alpha . \partial y + bp . y^2 . \partial x; \text{ also}$$

$$\partial x = \frac{2P \operatorname{Cos} \alpha . \partial y}{2P \operatorname{Sin} \alpha - bp . y^2}; \text{ folglich}$$

$$x = \frac{2P \operatorname{Cos} \alpha}{bp} . \int \frac{\partial y}{\frac{2P \operatorname{Sin} \alpha}{bp} - y^2}, \text{ und hieraus}$$

$$x = \operatorname{Cos} \alpha . \sqrt{\frac{P}{2bp \operatorname{Sin} \alpha}} . \operatorname{logn} \frac{\sqrt{2P \operatorname{Sin} \alpha} + y\sqrt{bp}}{\sqrt{2P \operatorname{Sin} \alpha} - y\sqrt{bp}} \text{ (A. p. 109)},$$

wo keine Constante hinzukommt, weil y und x zugleich

verschwinden. Entwickelt man y aus dieser dargestellten Gleichung, so erhält man:

$$y = \sqrt{2 P \operatorname{Sin} \alpha} \,.\, \frac{e^{\frac{x \,.\, \sqrt{2 b p \operatorname{Sin} \alpha}}{\operatorname{Cos} \alpha \,.\, \sqrt{P}}} - 1}{e^{\frac{x \,.\, \sqrt{2 b p \operatorname{Sin} \alpha}}{\operatorname{Cos} \alpha \,.\, \sqrt{P}}} + 1},$$

unter e die Basis des natürlichen Logarithmensystems verstanden.

§. 14. Aufgabe. Auf einer horizontalen Ebene stehe ein normales Parallelepipedum von den Abmessungen a, b, h, dessen Materie die Gewichts-Einheit q habe. Nach horizontaler Richtung wirke in der Entfernung h von der Grundebene ab, normal auf die obere Kante a, also nach der Richtung b, eine Kraft P auf Umwerfung dieses Körpers um die untere Kante a, sei aber mit seiner Stabilität im Gleichgewicht, so daß also $P . h = a b h q . \frac{b}{2}$ ist. Nach welchem Gesetz muß dieser Körper nach der Richtung von b um x verstärkt und nach der von h, bloß oberhalb x in Form einer Curve um y, erhöht werden, wenn dieselbe Kraft P in der höchsten Kante a des Körpers nach unveränderter horizontaler Richtung thätig mit seiner Stabilität für dieselbe Drehungsachse, immer im Gleichgewicht bleiben soll.

Auflösung. Ist (Fig. 9.) der lothrechte Durchschnitt des Körpers, durch seinen Schwerpunct, normal auf a, so ist das Moment von P in Beziehung auf die Drehungsachse a,

$$= P . (h + y) = a b q . \frac{b}{2} . (h + y);$$

das Widerstands-Moment des Körpers von den Abmessungen a, b, h $= abhq.\frac{b}{2}$; das des Körpers von den Abmessungen a, x, h $= ahxq.\left[b+\frac{x}{2}\right]$ und das des Körpers von den Abmessungen a, x, y $=\int ay\partial x.q.(b+x)$, folglich die Bedingungs-Gleichung:

$$abq\frac{b}{2}(h+y) = abhq.\frac{b}{2} + ahxq\left(b+\frac{x}{2}\right) + aq\int(b+x)y\partial x,$$

woraus leicht

$$b^2\partial y = 2(b+x)(h+y)\partial x;$$

und hieraus

$$\frac{b^2\partial y}{h+y} = 2(b+x)\partial x$$

folgt. Integrirt man diese Gleichung, so entsteht:

$$b^2 \log n(h+y) = 2bx + x^2 + C;$$

also, weil $C = b^2 \log n\, h$ ist,

$$b^2 \log n \frac{h+y}{h} = 2bx + x^2,$$

und hieraus

$$y = h.[e^{\frac{2bx+x^2}{b^2}} - 1].$$

Beispiel. Ist $b=6'$, $h=10'$, $x=2'$, so wird

$$y = 10[e^{\frac{7}{9}} - 1] = 11,77\ldots.$$

§. 15. Zusatz 1. Soll die Verstärkung oberhalb x ein normales Parallelepipedum werden, so ist die Gleichung

$$abq.\frac{b}{2}(h+y) = abhq.\frac{b}{2} + ahx.q.\left(b+\frac{x}{2}\right) + axy.q.\left(b+\frac{x}{2}\right),$$

und hieraus

$$y = \frac{(2b+x)hx}{b^2-2bx-x^2} = \frac{(2b+x)hx}{2b^2-(b+x)^2},$$

so daß also $x < b(\sqrt{2}-1)$ sein muß, wenn die Auflösung der Aufgabe entsprechen soll.

§. 16. Zusatz 2. Soll die Verstärkung oberhalb x ein normales Prismen werden, dessen lothrechter Querschnitt ein rechtwinklichtes Dreieck zu den Cotheten x, y ist, so ergiebt sich:

$$y = \frac{3hx(2b+x)}{3b^2-3bx-2x^2} = \frac{\frac{3}{2}hx(2b+x)}{\frac{33}{16}b^2-(x+\frac{3}{4}b)^2},$$

so daß also nur für Werthe von x, kleiner wie $\frac{\sqrt{33}-3}{4}b$ brauchbare Resultate entspringen.

§. 17. Aufgabe. Die Curve, welche Belidor Sinusoide nannte, und ihre Form ohne Rücksicht auf die Reibung, welche aus dem Gewicht der Walze auf die zu bestimmende Curve entspringt, untersuchte, mit Berücksichtigung dieser Reibung zu bestimmen.

Auflösung. Es sei (Fig. 10.) ein verticaler Durchschnitt normal auf die Drehachse B der anfänglich horizontal liegenden Brückenklappe AB; AC = AB = 2a, und normal auf AB; ACD ein Seil oder eine Kette von der Länge b, welche in C über eine Rolle geleitet ist, und woran in D, so daß anfänglich $CD = c = b - 2a\sqrt{2}$ lothrecht hängt, ein Gewicht = P angebracht ist, so groß, daß P mit dem Gewicht Q der Brückenklappe, welches in der Mitte von AB als vereint anzusehen ist, in Beziehung auf Drehung um B, Gleichgewicht hält. Man soll die Curve DFL der Bedingung gemäß bestimmen, daß dieses Gleichgewicht immer besteht, in welcher Stelle derselben sich auch P während der Erhebung der Klappe befindet, und zwar mit Rücksicht auf die Reibung, welche aus P auf der Curve statt findet.

Es ist fürs Gleichgewicht im ersten Augenblick:

$$P . 2 a \operatorname{Sin} \frac{\pi}{4} = Q a, \text{ oder } P . \sqrt{2} = Q,$$

ferner ist, wenn die Klappe um den Winkel ABE $= 2\alpha$ erhoben ist, und P sich dann in F befindet, so daß ECF $= b$ wird, die erforderliche Kraft R nach der Richtung EC, also auch nach der CF, aus der Gleichung:

$$R . 2 a \operatorname{Sin} \left[\frac{\pi}{4} + \alpha\right] = Q a \operatorname{Cos} 2\alpha$$

zu bestimmen. Es ergiebt sich, wenn man den Werth für Q, nemlich $P\sqrt{2}$ substituirt,

$$R = \frac{\operatorname{Cos} 2\alpha}{\sqrt{2} . \operatorname{Sin}\left(\frac{\pi}{4} + \alpha\right)} . P.$$

Bezeichnet nun δ den Winkel welchen CF mit der Tangente GH der Curve in F bildet, und β den der Tangente GH mit der Horizontalen FI, so ist, unter μ den Reibungs-Coefficienten verstanden, das aus P entspringende Bestreben in F, auf der Curve herunter zu gleiten,

$$= P \operatorname{Sin} \beta - \mu P \operatorname{Cos} \beta, \text{ folglich}$$

$$R \operatorname{Cos} \delta = (\operatorname{Sin} \beta - \mu \operatorname{Cos} \beta) P;$$

oder den Werth für R substituirt:

$$1. \quad \frac{\operatorname{Cos} \delta \operatorname{Cos} 2\alpha}{\sqrt{2} \operatorname{Sin}\left(\frac{\pi}{4} + \alpha\right)} = \operatorname{Sin} \beta - \mu \operatorname{Cos} \beta.$$

Wird nun die Abscisse DI durch x, die normale Ordinate IF durch y, die Länge CF $= b - 4 a \operatorname{Cos}\left(\frac{\pi}{4} + \alpha\right)$ durch z ausgedrückt, so ergeben sich noch folgende Hülfsgleichungen:

$$2. \quad z \operatorname{Cos} \delta = y \operatorname{Cos} \beta + (c + x) \operatorname{Sin} \beta;$$

$$3. \quad z^2 = y^2 + (c + x)^2;$$

$$4.\quad z = b - 4a\,\mathrm{Cos}\left(\frac{\pi}{4} + \alpha\right);$$

$$5.\quad \mathrm{Cotg}\,\beta = \frac{\partial y}{\partial x}.$$

Eliminirt man nun $\mathrm{Cos}\,\delta$ aus 1. und 2., so entsteht:

$$6.\quad [y\,\mathrm{Cos}\,\beta + (c+x)\,\mathrm{Sin}\,\beta]\,\mathrm{Cos}\,2\alpha$$
$$= z.\sqrt{2}.\,\mathrm{Sin}\left[\frac{\pi}{4} + \alpha\right][\mathrm{Sin}\,\beta - \mu\,\mathrm{Cos}\,\beta],$$

und dividirt man diese Gleichung mit $\mathrm{Sin}\,\beta$ und substituirt den Werth aus 5., so erhält man:

$$7.\quad \left[y.\frac{\partial y}{\partial x} + (c+x)\right]\mathrm{Cos}\,2\alpha$$
$$= z\sqrt{2}\,\mathrm{Sin}\left[\frac{\pi}{4} + \alpha\right].\left[1 - \mu.\frac{\partial y}{\partial x}\right].$$

Es ist aber aus 3.

$$z\frac{\partial z}{\partial x} = y\frac{\partial y}{\partial x} + (c+x),$$

und setzt man diesen Werth in 7., so wird:

$$8.\quad \mathrm{Cos}\,2\alpha.\partial z = \sqrt{2}.\,\mathrm{Sin}\left[\frac{\pi}{4} + \alpha\right].[\partial x - \mu\,\partial y].$$

Es entspringt aber aus der Gleichung 4.

$$\partial z = 4a\,\mathrm{Sin}\left(\frac{\pi}{4} + \alpha\right).\partial\alpha,$$

und hiermit die Gleichung 8. verbunden, so ergiebt sich:

$$9.\quad 4a\,\mathrm{Cos}\,2\alpha\,\partial\alpha = \sqrt{2}.\partial x - \mu.\sqrt{2}.\partial y.$$

Integrirt man nun diese Gleichung, so entsteht:

$$10.\quad 2a\,\mathrm{Sin}\,2\alpha = x\sqrt{2} - \mu y.\sqrt{2},$$

wo keine Constante hinzukommt, weil 2α, x und y zugleich verschwinden.

Aus den Gleichungen 3. und 4. entsteht aber auch:

$$11.\quad \left[b - 4a\,\mathrm{Cos}\left(\frac{\pi}{4} + \alpha\right)\right]^2 = y^2 + (c+x)^2,$$

und eliminirt man y aus 10. und 11., so folgt:

$$12.\quad \left[b - 4a\,\mathrm{Cos}\left(\frac{\pi}{4} + \alpha\right)\right]^2$$
$$= \left[\frac{x\sqrt{2} - 2a\,\mathrm{Sin}\,\alpha}{\mu\sqrt{2}}\right]^2 + (c + x)^2.$$

Aus dieser Gleichung 12. kann man nun x für jeden Werth von 2α bestimmen, und aus 10. findet man dann den zugehörigen Werth von y, oder aus 4. unmittelbar den von z, wonach die Curve zu construiren ist.

Läßt man die aus P entspringende Reibung außer Betracht, so hat man aus 10.:

$$2a\,\mathrm{Sin}\,2\alpha = x\sqrt{2},$$

und diese Gleichung, so wie die 4.

$$z = b - 4a\,\mathrm{Cos}\left(\frac{\pi}{4} + \alpha\right),$$

bestimmen die Belidorsche Sinusoide.

§. 18. Zusatz. Für $2\alpha = \frac{\pi}{2}$ erhält man die Coordinaten aus den Gleichungen

$$b^2 = \left[\frac{x\sqrt{2} - 2a}{\mu\sqrt{2}}\right]^2 + (c + x)^2 \text{ und}$$
$$a\sqrt{2} = x - \mu y.$$

Läßt man die Reibung aus P außer Betracht, so bestimmen sich beide aus

$$x = a\sqrt{2} \text{ und } b^2 = y^2 + (x + c)^2.$$

Ist $2a = 20'$, $b = 30'$, also $c = 1{,}72'$, ferner $\mu = \frac{1}{20}$, so erhält man im ersten Fall $x = 15{,}37$; $y = 24{,}654$, und im zweiten $x = 14{,}14$; $y = 25{,}46$.

§. 19. Aufgabe. Die Stärke einer zu beiden Seiten lothrechten Mauer fürs Gleichgewicht mit dem Erddruck zu bestimmen.

Auflösung. 1. Ist ABCD (Fig. 11.) der lothrechte Querschnitt der Mauer, normal auf seine Längenkanten; CDE der der drückenden Erde, also $\angle CED = \beta$ der Winkel gegen den Horizont, unter welchem die Erde abgleiten will und würde, und stellt man sich eine unendlich kleine, dem Bogenwinkel α zugehörige drehende Bewegung der Mauer, um die Längenkante durch A vor, so daß nach erfolgter Drehung der Querschnitt ABCD in AB'C'D' der CDE in HFE' + GD'FD sich befindet, wenn GD' parallel mit DE gedacht wird, so hat man die Gleichung:

$$GD'FD + HFE' = CDE.$$

Bezeichnet nun h die Höhe der Mauer $AB = CD$, x ihre fürs Gleichgewicht mit dem Erddruck erforderliche Stärke $AD = BC$, $z = h \operatorname{Cotg} \beta$ die horizontale Länge CE, y den lothrechten Abstand der horizontalen Linien CE und HE', so hat man leicht:

$GD' = \frac{x \operatorname{Sin} \alpha}{\operatorname{Sin} \beta}$; $AG = \frac{x \operatorname{Sin}(\beta - \alpha)}{\operatorname{Sin} \beta}$; $GD = x - \frac{x \operatorname{Sin}(\beta - \alpha)}{\operatorname{Sin} \beta}$;

$DF = GD' - \frac{GD \cdot \operatorname{Cos} \alpha}{\operatorname{Cos}(\beta - \alpha)}$, und den normalen Abstand der beiden Parallelen GD' und $DF = GD \cdot \operatorname{Sin} \beta$; also den Inhalt des Trapezes $GD'FD = \frac{GD' + DF}{2} \cdot GD \cdot \operatorname{Sin} \beta$

$= \left[2 \cdot GD' - \frac{GD \operatorname{Cos} \alpha}{\operatorname{Cos}(\beta - \alpha)}\right] \frac{1}{2} GD \cdot \operatorname{Sin} \beta$, und

$D'F = \frac{GD \operatorname{Sin} \beta}{\operatorname{Cos}(\beta - \alpha)}$; daher für einen unendlich kleinen Werth von α, d. h. für $\operatorname{Cos} \alpha = 1$ und $\operatorname{Sin} \alpha = \alpha$;

$GD' = \frac{\alpha x}{\operatorname{Sin} \beta}$; $GD = \alpha x \operatorname{Cotg} \beta$; $GD'FD$

$= \left[\frac{2 \alpha x}{\operatorname{Sin} \beta} - \frac{\alpha x \operatorname{Cotg} \beta}{\operatorname{Cos} \beta + \alpha \operatorname{Sin} \beta}\right] \frac{1}{2} \alpha x \operatorname{Cos} \beta = \frac{z + 2 h \alpha}{z + h \alpha} \cdot \frac{\alpha^2 x^2 z}{2h}$;

$DF = \frac{\alpha x}{\operatorname{Sin} \beta} - \frac{\alpha x \operatorname{Cotg} \beta}{\operatorname{Cos} \beta + \alpha \operatorname{Sin} \beta} = \frac{h x}{\operatorname{Sin} \beta} \cdot \frac{\alpha^2}{z + h \alpha}$ und

$D'F = \frac{\alpha x \operatorname{Cos}\beta}{\operatorname{Cos}\beta + \alpha \operatorname{Sin}\beta} = \frac{\alpha z x}{z + h\alpha}$; ferner $EE' = \frac{y}{\operatorname{Sin}\beta}$ und

also $FE' = \frac{h}{\operatorname{Sin}\beta} - \frac{y}{\operatorname{Sin}\beta} - \frac{hx}{\operatorname{Sin}\beta} \cdot \frac{\alpha^2}{z + h\alpha}$

$= \frac{1}{\operatorname{Sin}\beta} \cdot \left[h - y - \frac{hx\alpha^2}{z + h\alpha}\right]$, demnach $\triangle HFE'$

$= \frac{(FE')^2 . \operatorname{Sin}\beta \operatorname{Cos}(\beta - \alpha)}{2 \operatorname{Cos}\alpha} = \left[h - y - \frac{hx\alpha^2}{z + h\alpha}\right]^2 \cdot \frac{\operatorname{Cos}(\beta - \alpha)}{2 \operatorname{Cos}\alpha \operatorname{Sin}\beta}$;

folglich, für einen unendlich kleinen Werth von α;

$$HFE' = \left[h - y - \frac{hx\alpha^2}{z + h\alpha}\right]^2 \cdot \frac{z + h\alpha}{2h}.$$

Weil nun $CDE = \frac{hz}{2}$, so geht die Gleichung $GD'FD + HFE' = CDE$ über in

$$\frac{z + 2h\alpha}{z + h\alpha} \cdot \frac{\alpha^2 x^2 z}{2h} + \left[h - y - \frac{hx\alpha^2}{z + h\alpha}\right]^2 \cdot \frac{z + h\alpha}{2h} = \frac{hz}{2},$$

und hieraus folgt:

$$y = f\alpha = h - \frac{hx\alpha^2}{z + h\alpha} - \sqrt{\frac{h^2 z}{z + h\alpha} - \alpha^2 x^2 z \cdot \frac{z + 2h\alpha}{(z + h\alpha)^2}}.$$

2. Versteht man nun unter γ das Gewicht eines Cubicfußes Erde, so ist das Gewicht $F\alpha$ des jetzt drückenden Erdkörpers HFE' für die Tiefe Eins $= HFE'.\gamma$, oder

$$F\alpha = \left[h - y - \frac{hx\alpha^2}{z + h\alpha}\right]^2 \cdot \frac{z + h\alpha}{2h} \gamma,$$

und der daraus entspringende Normaldruck auf

$$DE = \frac{F\alpha . \operatorname{Cos}\alpha}{\operatorname{Cos}(\beta - \alpha)} = \frac{F\alpha}{\operatorname{Cos}\beta + \alpha \operatorname{Sin}\beta};$$

der auf

$$HD' = \frac{F\alpha . \operatorname{Sin}\beta}{\operatorname{Cos}\beta + \alpha \operatorname{Sin}\beta} = \frac{hF\alpha}{z + h\alpha};$$

folglich, wenn n den Reibungs-Coefficienten für Erde auf Erde, m den für Erde auf Mauerstein bezeichnet, der Reibungswiderstand nach der Richtung $DE = n . \frac{F\alpha}{\operatorname{Cos}\beta + \alpha \operatorname{Sin}\beta}$; der nach der Richtung $D'H = m \frac{hF\alpha}{z + h\alpha}$.

3. Ist T der Schwerpunct von CDE, T′ der von HFE′, und TN, T′I Verticallinien, so durchläuft, wenn sich die Mauer um den Winkel α dreht, der abnehmende Erdkörper gleichzeitig den Weg

$$\varphi\alpha = T'I - TN = y + \frac{FE' \operatorname{Sin}\beta}{3} - \frac{h}{3}, \text{ oder}$$

$$\varphi\alpha = \tfrac{2}{3} f\alpha - \frac{h}{3} \cdot \frac{\alpha^2 x}{z + h\alpha};$$

ferner durchläuft der Widerstand $n . \frac{F\alpha}{\operatorname{Cos}\beta + \alpha \operatorname{Sin}\beta}$ den Weg $EE' = \frac{y}{\operatorname{Sin}\beta} = \frac{f\alpha}{\operatorname{Sin}\beta}$, und der $m . \frac{hF\alpha}{z + h\alpha}$ den Weg C′H

$$= \psi\alpha = C'D' + D'F - FH = h + \frac{\alpha z x}{z + h\alpha} - \frac{FE' \operatorname{Sin}\beta}{\operatorname{Cos}\alpha}$$

$$= h + \frac{\alpha z x}{z + h\alpha} - \left[h - y - \frac{h x \alpha^2}{z + h\alpha}\right] \text{ oder}$$

$$\psi\alpha = y + \alpha x = f\alpha + x . \alpha.$$

4. Kommt der Schwerpunct K der Mauer in ihren ursprünglichen Stand, wenn die Drehung erfolgt ist, nach L, so ist der Weg des Gewichts $hx\delta$ der Mauer, wenn δ das Gewicht eines Cubicfußes Mauerstein bezeichnet,

$$= AL \operatorname{Sin}[\alpha + KAD] - AK \operatorname{Sin} KAD$$

$$= AK . [\operatorname{Sin}\alpha \operatorname{Cos} KAD + \operatorname{Cos}\alpha \operatorname{Sin} KAD - \operatorname{Sin} KAD],$$

also für einen unendlich kleinen Werth von α dieser Weg

$$= AK . \alpha \operatorname{Cos} KAD = x . \frac{\alpha}{2}.$$

5. Erfolgte nun noch Drehung um den Winkel k als Zuwachs von α, so ist, während der Zeit t, in welcher dieser Winkel k durchlaufen würde, das Gewicht des wirkenden Erdkörpers im Anfang $= F\alpha$, am Ende von t aber $= F(\alpha + k)$, folglich während der Zeit $t = F(\alpha + k')$ zu setzen, wenn k′ zwischen 0 und k liegend gedacht wird,

und der Weg dieser Kraft in der Zeit $t = \varphi(\alpha + k) - \varphi\alpha$, also das mechanische Moment derselben

$$= F(\alpha + k').[\varphi(\alpha + k) - \varphi\alpha].$$

Eben so ist der Reibungswiderstand auf DE während der Zeit $t = n\frac{F(\alpha + k')}{\operatorname{Cos}\beta + (\alpha + k')\operatorname{Sin}\beta}$; sein Weg $= \frac{f(\alpha + k) - f\alpha}{\operatorname{Sin}\beta}$; also sein mechanisches Moment $= \frac{n F(\alpha + k')[f(\alpha + k) - f\alpha]}{\operatorname{Sin}\beta \operatorname{Cos}\beta + (\alpha + k')\operatorname{Sin}\beta^2}$ $= \frac{n}{h}.\frac{F(\alpha + k')[f(\alpha + k) - f\alpha](h^2 + z^2)}{z + h(\alpha + k')}$; ferner der Reibungswiderstand auf der Mauer während der Zeit $t = m\frac{h F(\alpha + k')}{z + h(\alpha + k')}$; sein Weg $= \psi(\alpha + k) - \psi\alpha$, also sein Moment $= m.\frac{h F(\alpha + k')}{z + h(\alpha + k')}.[\psi(\alpha + k) - \psi\alpha]$; endlich das mechanische Widerstands-Moment der Mauer

$$h x \delta\left[x\frac{\alpha + k}{2} - x.\frac{\alpha}{2}\right] = \frac{h x \delta x}{2}.k.$$

6. Aus 5. ergiebt sich nun die Bedingungsgleichung des Gleichgewichts, nemlich:

$$F(\alpha + k')[\varphi(\alpha + k) - \varphi\alpha]$$
$$= \frac{n}{h}.\frac{F(\alpha + k')[f(\alpha + k) - f\alpha][h^2 + z^2]}{z + h(\alpha + k')}$$
$$+ m h.\frac{F(\alpha + k')}{z + h(\alpha + k')}.[\psi(\alpha + k) - \psi\alpha] + \frac{h x \delta \alpha}{2}:k,$$

und aus ihr entspringt, wenn man dieselbe durch k dividirt und dann k, also auch $k' = 0$ setzt:

$$F\alpha.\varphi'\alpha = \frac{n}{h}.\frac{F\alpha.f'\alpha.(h^2 + z^2)}{z + h\alpha} + \frac{m h F\alpha.\psi'\alpha}{z + h\alpha} + \frac{h x \delta x}{2}.$$

Es ist aber

$$\varphi'\alpha = \tfrac{2}{3}f'\alpha - \frac{h\alpha x}{3}.\frac{2z + h\alpha}{(z + h\alpha)^2};$$
$$\psi'\alpha = f'\alpha + x;$$

also die Gleichung

$$\tfrac{2}{3}F\alpha.f'\alpha - F\alpha.\frac{h\alpha x}{3}.\frac{2z+h\alpha}{(z+h\alpha)^2} = \frac{n(h^2+z^2)}{h(z+h\alpha)}F\alpha.f'\alpha$$
$$+\frac{mh}{z+h\alpha}F\alpha.f'\alpha+\frac{mhF\alpha}{z+h\alpha}.x+\frac{h\delta x^2}{2},\text{ oder}$$
$$P=\frac{h\delta x^2}{2}+\frac{hx}{z+h\alpha}\left[m+\frac{\alpha}{3}.\frac{2z+h\alpha}{z+h\alpha}\right]F\alpha$$
$$+\left[\frac{n(h^2+z^2)}{h(z+h\alpha)}+\frac{mh}{z+h\alpha}-\tfrac{2}{3}\right]F\alpha.f'\alpha=0.$$

Weil nun

$$F\alpha=\left[h-y-\frac{hx\alpha^2}{z+h\alpha}\right]^2.\frac{z+h\alpha}{2h}\gamma,\text{ oder}$$
$$F\alpha=\left[\frac{hz}{2}-\frac{z+2h\alpha}{z+h\alpha}.\frac{\alpha^2x^2z}{2h}\right]\gamma=\frac{z\gamma}{2}.\left[h-\frac{z+2h\alpha}{z+h\alpha}.\frac{\alpha^2x^2}{h}\right],$$

also für $\alpha=0$, $F=\frac{hz\gamma}{2}$, und

$$f'\alpha=-h\alpha x.\frac{2z+h\alpha}{(z+h\alpha)^2}$$
$$+\frac{h^3z(z+h\alpha)+2\alpha x^2z[z^2+3\alpha hz+\alpha^2h^2]}{2(z+\alpha h)^2.\sqrt{h^2z(z+\alpha h)-\alpha^2x^2z(z+2h\alpha)}},$$

also $f'=\frac{h^3z^2}{2hz^3}=\frac{h^2}{2z}$ ist, die Gleichung P aber für $\alpha=0$ in die $\frac{h\delta x^2}{2}+\frac{hx}{z}m.F+\left[\frac{n(h^2+z^2)}{hz}+\frac{mh}{z}-\tfrac{2}{3}\right]F.f'=0$ übergeht, so erhält man, wenn $\frac{hz\gamma}{2}$ für F und $\frac{h^2}{2z}$ für f' gesetzt wird,

$$h\delta x^2+mh^2\gamma.x+\left[\frac{n(h^2+z^2)}{hz}+\frac{mh}{z}-\tfrac{2}{3}\right].\frac{h^3\gamma}{2}=0,$$

oder

$$\delta x^2+mh\gamma x=\left[2h-3nz-\frac{3(n+m)h^2}{z}\right]\frac{h\gamma}{6}.$$

7. Es entsteht nun nur noch die Frage, für welchen Werth von z sich für x ein Maximum ergiebt. Dieser Werth von z ist aber offenbar derjenige, für welchen $2h-3nz-\frac{3(n+m)h^2}{z}$ ein Max., oder für welchen $3nz+\frac{3(n+m)h^2}{z}$ ein Min. wird, und man erhält den=

selben leicht $= h.\sqrt{\frac{m+n}{n}}$. Substituirt man diesen Werth in die letzte Gleichung von Nr. 6., so erhält man:

$$\delta x^2 + m h \gamma x = [1 - 3\sqrt{n(n+m)}] \cdot \frac{h^2 \gamma}{3};$$

aus welcher Gleichung derjenige Werth für x hervorgeht, der auch in dem nachtheiligsten Fall, d. h. für $z = h\sqrt{\frac{m+n}{n}}$, die erforderliche Stabilität gewährt.

8. Die gefundene Endgleichung

$$\delta x^2 + m h \gamma x = \frac{h^2 \gamma}{3} \cdot [1 - 3\sqrt{n(n+m)}]$$

zeigt, daß für solche Werthe von n und m, für welche $1 = 3\sqrt{n(n+m)}$ oder für welche $1 < 3\sqrt{n(n+m)}$, d. h. für welche, wenn n = m angenommen wird, $n \overline{\overline{>}} 0{,}235$ ist, auch eine unendliche dünne Mauer nicht umgeworfen werden würde. Insofern aber dann ein Ausbauchen derselben erfolgen müßte, so ist es nothwendig, ihre Stärke dem Erddruck entsprechend zu bestimmen, d. h. die zu Hülfe kommenden Reibungen unberücksichtigt zu lassen, und man hat demnach die einfache Bestimmungsgleichung $\delta x^2 = \frac{h^2 \gamma}{3}$, welche auch sehr einfach aus der Vergleichung der statischen Momente hervorgeht. Es ist nemlich das im Schwerpunct T als vereint anzusehende Gewicht der Erde $= \frac{h z}{2} \cdot \gamma$, und der hieraus entspringende horizontal auf die Mauer wirkende Druck $= \frac{h z}{2} \gamma \cdot \mathrm{tg}\, \beta = \frac{h^2 \gamma}{2}$. Der Mittelpunct seiner Wirkung ergiebt sich leicht in der Entfernung $\frac{h}{3}$ von D, und also sein Moment $= \frac{h^3 \gamma}{6}$; folglich entsteht da das Moment der Mauer, oder ihre Stabilität $= h\,x\,.\,\delta\,.\,\frac{x}{2}$ ist, die Bedingungsgleichung

$$\frac{h\,\delta\,x^2}{2} = \frac{h^3\,\gamma}{6},\ \text{oder}\ \delta\,x^2 = \frac{h^2\,\gamma}{3}.$$

Ein Ausbauchen der Mauren ist für Dicken, wie sie diese Gleichung $\delta\,x^2 = \frac{h^2\,\gamma}{3}$ bestimmt, nie zu befürchten.

§. 20. Aufgabe. Die Stärke einer dossirten Mauer fürs Gleichgewicht mit dem Druck der Erde zu bestimmen.

Auflösung. 1. Ist ABCD (Fig. 12.) der verticale Querschnitt der Mauer, normal auf seine Längenkanten; DEC der der drückenden Erde, also $\angle$ CED $= \varphi$ der Winkel gegen den Horizont, unter welchem die Erde abgleiten will; n der Reibungs-Coefficient für Erde auf Erde; m der für Erde auf Mauerstein; P das Gewicht des Erdkörpers CDE für die Länge Eins; Q der aus P entspringende Normaldruck auf CD; R der aus P entspringende Normaldruck auf DE; W das Gewicht der Mauer für die Länge Eins; bezeichnen ferner p, q, r, w die gleichzeitigen Wege der Kräfte P, mQ, nR, W im Fall eine drehende Bewegung des Mauerkörpers um die Längenkante durch A, dem unendlich kleinen Bogenwinkel α zugehörig, entstehen würde, so ist die Bedingungsgleichung des Gleichgewichts:

$$P\,.\,p = m\,Q\,.\,q + n\,R\,.\,r + W\,.\,w.$$

2. Bezeichnet h die Höhe der Mauer, b ihre Dossirung auf der Seite des Erddrucks, a die auf der gegenüberliegenden Seite, x ihre obere Stärke BC, z den Werth von h Cotg φ, ferner, alle Längenmaaße in Fußen verstanden, γ das Gewicht eines Cubicfußes Erde, δ das eines Cubicfußes Mauerstein, so ist

$$P = \frac{(b+z)h}{2}.\gamma;\quad W = \frac{a+b+2x}{2}.h.\delta;$$

also, unter β den Winkel DCE = CDA verstanden,

$$Q = \frac{P \operatorname{Sin}\varphi}{\operatorname{Sin}(\beta+\varphi)};\quad R = \frac{P \operatorname{Sin}\varphi}{\operatorname{Sin}(\beta+\varphi)}.$$

3. Stellt AB′C′D′ den Querschnitt des Mauerkörpers vor, nachdem die Drehung um α erfolgt ist, und ist dann der Querschnitt der unter dem Winkel φ abgleitenden Erde = GDFD′ + FHE′, wenn D′H ‡ DE gedacht wird, so hat man die Gleichung: GDFD′ + FHE′ = CED $= \frac{b+z}{2}.h$, und $q = C'H$, $r = EE'$. Es ergiebt sich aber leicht: $AG = \frac{AD' \operatorname{Sin}(\varphi-\alpha)}{\operatorname{Sin}\varphi}$, also

$GD = AD - \frac{AD' \operatorname{Sin}(\varphi-\alpha)}{\operatorname{Sin}\varphi}$; folglich, weil $AD' = AD$ $= a+b+x$ ist, $GD = (a+b+x)\left(1-\frac{\operatorname{Sin}(\varphi-\alpha)}{\operatorname{Sin}\varphi}\right)$, daher für α = unendlich klein, also $\operatorname{Cos}\alpha = 1$ und $\operatorname{Sin}\alpha$ $= \alpha$, $GD = (a+b+x)\alpha \operatorname{Cotg}\varphi$, ferner $GD' = \frac{AD' \operatorname{Sin}\alpha}{\operatorname{Sin}\varphi}$ $= \frac{\alpha.(a+b+x)}{\operatorname{Sin}\varphi}$; $DF = GD' - \frac{GD \operatorname{Sin}(\beta-\alpha)}{\operatorname{Sin}(\beta+\varphi-\alpha)}$

$$= \frac{\alpha(a+b+x)}{\operatorname{Sin}\varphi} - (a+b+x)\alpha \operatorname{Cotg}\varphi \frac{\operatorname{Sin}\beta - \alpha \operatorname{Cos}\beta}{\operatorname{Sin}(\beta+\varphi) - \alpha \operatorname{Cos}(\beta+\varphi)}$$

$= \alpha(a+b+x)\frac{\operatorname{Cos}\beta + \alpha \operatorname{Sin}\beta}{\operatorname{Sin}(\beta+\varphi) - \alpha \operatorname{Cos}(\beta+\varphi)}$; also GD′ + DF $= \alpha(a+b+x).\left[\frac{1}{\operatorname{Sin}\varphi} + \frac{\operatorname{Cos}\beta + \alpha \operatorname{Sin}\beta}{\operatorname{Sin}(\beta+\varphi) - \alpha \operatorname{Cos}(\beta+\varphi)}\right]$, und daher

$$GDFD' = \frac{GD' + DF}{2} GD \operatorname{Sin}\varphi$$

$= \tfrac{1}{2}\alpha^2 (a+b+x)^2.\operatorname{Cos}\varphi\left[\frac{1}{\operatorname{Sin}\varphi} + \frac{\operatorname{Cos}\beta + \alpha \operatorname{Sin}\beta}{\operatorname{Sin}(\beta+\varphi) - \alpha \operatorname{Cos}(\beta+\varphi)}\right]$; dann auch, wenn y den lothrechten Abstand der Horizontallinien CE und HE′ bezeichnet, FE′ = DE − DF − EE′

$$= \frac{h}{\operatorname{Sin}\varphi} - \alpha(a+b+x).\frac{\operatorname{Cos}\beta + \alpha \operatorname{Sin}\beta}{\operatorname{Sin}(\beta+\varphi) - \alpha \operatorname{Cos}(\beta+\varphi)} - \frac{y}{\operatorname{Sin}\varphi}$$

und $FHE' = \frac{(FE')^2 \operatorname{Sin}\varphi . \operatorname{Sin}(\beta+\varphi-\alpha)}{2\operatorname{Sin}(\beta-\alpha)}$

$$= \left[\frac{h-y}{\operatorname{Sin}\varphi} - \frac{\alpha(a+b+x)(\operatorname{Cos}\beta+\alpha\operatorname{Sin}\beta)}{\operatorname{Sin}(\beta+\varphi)-\alpha\operatorname{Cos}(\beta+\varphi)}\right]^2$$

$$\times \frac{\operatorname{Sin}(\beta+\varphi)-\alpha\operatorname{Cos}(\beta+\varphi)}{2(\operatorname{Sin}\beta-\alpha\operatorname{Cos}\beta)} \operatorname{Sin}\varphi;$$

folglich, wenn diese Werthe in die Gleichung

$$GDFD' + FHE' = \frac{b+z}{2} . h.$$

gesetzt werden,

$$\alpha^2(a+b+x)^2 \operatorname{Cos}\varphi\left[\frac{1}{\operatorname{Sin}\varphi} + \frac{\operatorname{Cos}\beta+\alpha\operatorname{Sin}\beta}{\operatorname{Sin}(\beta+\varphi)-\alpha\operatorname{Cos}(\beta+\varphi)}\right]+$$

$$\left[\frac{h-y}{\operatorname{Sin}\varphi} - \frac{\alpha(a+b+x)(\operatorname{Cos}\beta+\alpha\operatorname{Sin}\beta)}{\operatorname{Sin}(\beta+\varphi)-\alpha\operatorname{Cos}(\beta+\varphi)}\right]^2 \frac{\operatorname{Sin}(\beta+\varphi)-\alpha\operatorname{Cos}(\beta+\varphi)}{\operatorname{Sin}\beta-\alpha\operatorname{Cos}\beta} . \operatorname{Sin}\varphi$$

$= (b+z)h$, und hieraus:

$$y = h - \frac{\alpha(a+b+x)(\operatorname{Cos}\beta+\alpha\operatorname{Sin}\beta)\operatorname{Sin}\varphi}{\operatorname{Sin}(\beta+\varphi)-\alpha\operatorname{Cos}(\beta+\varphi)}$$

$$-\sqrt{\frac{\operatorname{Sin}\varphi(\operatorname{Sin}\beta-\alpha\operatorname{Cos}\beta)}{\operatorname{Sin}(\beta+\varphi)-\alpha\operatorname{Cos}(\beta+\varphi)}} \times$$

$$\sqrt{h(b+z)-\alpha^2(a+b+x)^2\operatorname{Cos}\varphi\left[\frac{1}{\operatorname{Sin}\varphi} + \frac{\operatorname{Cos}\beta+\alpha\operatorname{Sin}\beta}{\operatorname{Sin}(\beta+\varphi)-\alpha\operatorname{Cos}(\beta+\varphi)}\right]}.$$

4. Bezeichnet T den Schwerpunct von DCE; T′ den von FHE′, so ist die Normale von T bis $CE = \frac{h}{3}$; von T′ bis $CE = y + \frac{FE' . \operatorname{Sin}\varphi}{3}$, also $p = y + \frac{1}{3}FE' \operatorname{Sin}\varphi - \frac{h}{3}$

$$= y - \frac{h}{3} + \frac{1}{3} . \left[h - y - \frac{\alpha(a+b+x)(\operatorname{Cos}\beta+\alpha\operatorname{Sin}\beta)\operatorname{Sin}\varphi}{\operatorname{Sin}(\beta+\varphi)-\alpha\operatorname{Cos}(\beta+\varphi)}\right]$$

$$= \frac{2}{3}y - \frac{1}{3} . \frac{\alpha(a+b+x)(\operatorname{Cos}\beta+\alpha\operatorname{Sin}\beta)\operatorname{Sin}\varphi}{\operatorname{Sin}(\beta+\varphi)-\alpha\operatorname{Cos}(\beta+\varphi)},$$ ferner

$r = EE' = \frac{y}{\operatorname{Sin}\varphi}$ und $q = C'H = C'D' + D'F - FH$

$$= \frac{h}{\operatorname{Sin}\beta} + \frac{GD \operatorname{Sin}\varphi}{\operatorname{Sin}(\beta+\varphi-\alpha)} - \frac{FE' \operatorname{Sin}\varphi}{\operatorname{Sin}(\beta-\alpha)} = \frac{h}{\operatorname{Sin}\beta}$$

$$+ \frac{(a+b+x)\alpha\operatorname{Cos}\varphi}{\operatorname{Sin}(\beta+\varphi)-\alpha\operatorname{Cos}(\beta+\varphi)} - \frac{1}{\operatorname{Sin}\beta-\alpha\operatorname{Cos}\beta} \times$$

$$\left[h - y - \frac{\alpha(a+b+x)(\operatorname{Cos}\beta+\alpha\operatorname{Sin}\beta)\operatorname{Sin}\varphi}{\operatorname{Sin}(\beta+\varphi)-\alpha\operatorname{Cos}(\beta+\varphi)}\right] = \frac{y+\alpha(a+x)}{\operatorname{Sin}\beta-\alpha\operatorname{Cos}\beta}.$$

5. Ist K der Schwerpunct von ABCD, L der von AB′C′D′, und μ der Winkel KAD, so ist

$$w = AL \operatorname{Sin}(\mu + \alpha) - AK \operatorname{Sin}\mu,$$

also weil AL = AK ist,

$$w = AK.[\operatorname{Sin}\mu \operatorname{Cos}\alpha + \operatorname{Cos}\mu \operatorname{Sin}\alpha - \operatorname{Sin}\mu]$$
$$= \alpha AK.\operatorname{Cos}\mu$$
$$= \alpha.\frac{\frac{1}{2}ah.\frac{2}{3}a + hx.\left(a + \frac{x}{2}\right) + \frac{1}{2}bh(a + x + \frac{1}{3}b)}{\frac{1}{2}ah + hx + \frac{1}{2}bh}$$
$$= \alpha.\frac{2a^2 + 6ax + 3x^2 + 3ab + 3bx + b^2}{3a + 6x + 3b}.$$

6. Setzt man nun die gefundenen Ausdrücke in die Gleichung in Nr. 1., so entsteht unter y den Ausdruck in Nr. 3. verstanden:

$$\frac{(b+z)h}{2}.\gamma\left[\frac{2}{3}y - \frac{1}{3}.\frac{\alpha(a+b+x)(\operatorname{Cos}\beta + \alpha \operatorname{Sin}\beta)\operatorname{Sin}\varphi}{\operatorname{Sin}(\beta+\varphi) - \alpha \operatorname{Cos}(\beta+\varphi)}\right]$$
$$= m.\frac{(b+z)h\gamma \operatorname{Sin}\varphi}{2\operatorname{Sin}(\beta+\varphi)}.\frac{y + \alpha(a+x)}{\operatorname{Sin}\beta - \alpha\operatorname{Cos}\beta} + n\frac{(b+z)h\gamma\operatorname{Sin}\beta}{2\operatorname{Sin}(\beta+\varphi)}.\frac{y}{\operatorname{Sin}\varphi}$$
$$+ \frac{a+b+2x}{2}h\delta.\alpha.\frac{2a^2 + 6ax + 3x^2 + 3ab + 3bx + b^2}{3(a+b+2x)}$$

und hieraus:

$$\delta[(2a+b)(a+b+3x) + 3x^2]$$
$$= (b+z)\gamma\left[\left(2 - \frac{3m\operatorname{Sin}\varphi}{\operatorname{Sin}(\beta+\varphi)(\operatorname{Sin}\beta - \alpha\operatorname{Cos}\beta)} - \frac{3n\operatorname{Sin}\beta}{\operatorname{Sin}\varphi\operatorname{Sin}(\beta+\varphi)}\right)\right.$$
$$\left.\times\frac{y}{\alpha} - \frac{(a+b+x)(\operatorname{Cos}\beta + \alpha\operatorname{Sin}\beta)\operatorname{Sin}\varphi}{\operatorname{Sin}(\beta+\varphi) - \alpha\operatorname{Cos}(\beta+\varphi)} - \frac{3m(a+x)\operatorname{Sin}\varphi}{\operatorname{Sin}(\beta+\varphi)(\operatorname{Sin}\beta - \alpha\operatorname{Cos}\beta)}\right].$$

7. Aus der letzten Gleichung in Nr. 6. muß, für Bestreben zur Drehung, also für $\alpha = 0$, der Werth von x bestimmt werden, es entsteht aber, für $\alpha = 0$, wenn t den Werth bezeichnet, welchen $\frac{y}{\alpha}$ annimmt, wenn $\alpha = 0$ ist,

$$\delta[(2a+b)(a+b+3x)+3x^2]$$
$$= (b+z)\gamma\left[\left(2-\frac{3m\,\mathrm{Sin}\,\varphi}{\mathrm{Sin}(\beta+\varphi)\,\mathrm{Sin}\,\beta}-\frac{3n\,\mathrm{Sin}\,\beta}{\mathrm{Sin}\,\varphi\,\mathrm{Sin}(\beta+\varphi)}\right).t\right.$$
$$\left.-\frac{(a+b+x)\,\mathrm{Cos}\,\beta\,\mathrm{Sin}\,\varphi}{\mathrm{Sin}(\beta+\varphi)}-\frac{3m(a+x)\,\mathrm{Sin}\,\varphi}{\mathrm{Sin}(\beta+\varphi)\,\mathrm{Sin}\,\beta}\right].$$

Da nun

$$\frac{y}{\alpha} = -\frac{(a+b+x)(\mathrm{Cos}\,\beta+\alpha\,\mathrm{Sin}\,\beta)\,\mathrm{Sin}\,\varphi}{\mathrm{Sin}(\beta+\varphi)-\alpha\,\mathrm{Cos}(\beta+\varphi)}$$
$$+\left[h-\sqrt{\frac{\mathrm{Sin}\,\varphi(\mathrm{Sin}\,\beta-\alpha\,\mathrm{Cos}\,\beta)}{\mathrm{Sin}(\beta+\varphi)-\alpha\,\mathrm{Cos}(\beta+\varphi)}}\right.$$
$$\left.\times\sqrt{h(b+z)-\alpha^2(a+b+x)^2\left(\mathrm{Cotg}\,\varphi+\frac{\mathrm{Cos}\,\varphi(\mathrm{Cos}\,\beta+\alpha\,\mathrm{Sin}\,\beta)}{\mathrm{Sin}(\beta+\varphi)-\alpha\,\mathrm{Cos}(\beta+\varphi)}\right)}\right]:\alpha$$

ist, so ergiebt sich, wenn man im 2ten Bruch, der für $\alpha = 0$ unbestimmt, nemlich $=\frac{0}{0}$ wird, die erste Ableitung im Zähler und Nenner nimmt, und dann erst 0 für α schreibt,

$$t = -\frac{(a+b+x)\,\mathrm{Cos}\,\beta\,\mathrm{Sin}\,\varphi}{\mathrm{Sin}(\beta+\varphi)}+\frac{h(b+z)\,\mathrm{Sin}\,\varphi.\frac{\mathrm{Sin}\,\varphi}{\mathrm{Sin}(\beta+\varphi)^2}}{2.\sqrt{\frac{h(b+z)\,\mathrm{Sin}\,\beta\,\mathrm{Sin}\,\varphi}{\mathrm{Sin}(\beta+\varphi)}}}$$

$$= -\frac{a+b+x}{\mathrm{tg}\,\beta.\mathrm{Cotg}\,\varphi+1}+\frac{h.(b+z).\frac{b^2+h^2}{(b+z)^2}}{2\sqrt{h.(b+z).\frac{h}{b+z}}}$$

$$= -\frac{a+b+x}{\frac{h}{b}.\frac{z}{h}+1}+\frac{b^2+h^2}{2(b+z)} = \frac{b^2+h^2-2b(a+b+x)}{2(b+z)}$$

$$= \frac{h^2-b^2-2ab-2bx}{2(b+z)},$$

und man hat daher die Gleichung:

$$\delta.[(2a+b)(a+b+3x)+3x^2]$$
$$= (b+z)\gamma.\left[\left(2-\frac{3m\,\mathrm{Sin}\,\varphi}{\mathrm{Sin}\,\beta\,\mathrm{Sin}(\beta+\varphi)}\right.\right.$$
$$\left.-\frac{3n\,\mathrm{Sin}\,\beta}{\mathrm{Sin}\,\varphi\,\mathrm{Sin}(\beta+\varphi)}\right)\frac{h^2-b^2-2ab-2bx}{2(b+z)}$$
$$\left.-\frac{(a+b+x)\,\mathrm{Cos}\,\beta\,\mathrm{Sin}\,\varphi}{\mathrm{Sin}(\beta+\varphi)}-\frac{3m(a+x)\,\mathrm{Sin}\,\varphi}{\mathrm{Sin}(\beta+\varphi)\,\mathrm{Sin}\,\beta}\right]$$

$$= (b+z)\gamma.\left[\left(2-\frac{3m(b^2+h^2)}{h(b+z)}-\frac{3n(h^2+z^2)}{h(b+z)}\right)\frac{h^2-b^2-2ab-2bx}{2(b+z)}\right.$$
$$\left.-\frac{(a+b+x)b}{b+z}-\frac{3m(a+x)(b^2+h^2)}{h(b+z)}\right]$$
$$= \gamma.\left[[2(b+z)h-3m(b^2+h^2)-3n(h^2+z^2)]\right.$$
$$\left.\times\frac{h^2-b^2-2ab-2bx}{2h(b+z)}-(a+b+x)b-\frac{3m(b^2+h^2)(a+x)}{h}\right],$$

oder:

$$\delta.(2a+b)(a+b)-\gamma(h^2-3ab-2b^2)+\frac{3m\gamma a(b^2+h^2)}{h}$$
$$+\left[3b\gamma+\frac{3m\gamma(b^2+h^2)}{h}+3\delta(2a+b)\right]x+3\delta x^2,$$
$$+\frac{3\gamma}{2h}.\frac{[h^2-2ab-b^2][m(b^2+h^2)+nh^2]}{h+z}$$
$$+\frac{3\gamma n}{2h}[h^2-2ab-b^2]\frac{z^2}{b+z}.$$
$$= \frac{3\gamma}{2h}[m(b^2+h^2)+nh^2]\frac{2bx}{b+x}+\frac{3n\gamma}{2h}.\frac{2bxz^2}{b+z}.$$

8. Um den Werth von x zu erhalten, der auch in den schlimmsten Fällen hinreichende Stabilität gewährt, bestimme man den Werth von z, für welchen x ein Maximum wird. Es ergiebt sich, unter N den Ausdruck $m[b^2+h^2]+nh^2$ und unter M den h^2-b^2-2ab verstanden:

$$\frac{\partial x}{\partial z} = \frac{\gamma}{(b+z)^2}.[N.M-n.M(2bz+z^2)-2bNx$$
$$+2bnx(2bz+z^2)]:\left[2bh\gamma+2h\delta(2a+b)\right.$$
$$\left.+2m\gamma(b^2+h^2)+4\delta hx-\frac{2b\gamma N}{b+z}-\frac{2nb\gamma z^2}{b+z}\right],$$

und dieser Ausdruck wird zu Null, für

$$N[M-2bx]-n[M-2bx][2bz+z^2] = 0,$$

oder für

$$[M-2bx][N-n(2bz+z^2)] = 0,$$

welcher Bedingung Genüge geschieht, sowohl für

$M = 2bx$, als auch für $N = n(2bz + z^2)$.

Es kann aber $M = 2bx$ der Forderung nicht entsprechen, weil M unabhängig von n und m ist, x aber von den Reibungen abhängig sich ergeben muß, und folglich kann nur die Gleichung $N = n(2bz + z^2)$ der Aufgabe entsprechen. Aus ihr ergiebt sich aber

$$z = -b + l.\sqrt{\frac{m+n}{n}},$$

wenn l die Länge CD, also den Ausdruck $\sqrt{b^2 + h^2}$ bezeichnet.

9. Zur Beurtheilung ob $z = -b + l.\sqrt{\frac{m+n}{n}}$ ein Maximum für x liefert, setze man:

$$N.M - n.M(2bz+z^2) - 2bNx + 2bnx(2bz+z^2) = V;$$

$$2h\delta(2a+b) + 2bh\gamma + 2m\gamma l^2 + 4\delta hx - \frac{2b\gamma N}{b+z} - \frac{2nb\gamma z^2}{b+z} = W,$$

so wird, für $z = -b + l.\sqrt{\frac{m+n}{n}}$,

$$\frac{\partial^2 x}{\partial z^2} = \frac{\gamma}{(b+z)^2} \cdot \frac{W.\partial V - V\partial W}{W^2} + \frac{V}{W} \cdot \partial \frac{\gamma}{(b+z)^2};$$

also weil $V = 0$ ist, für $z = -b + l.\sqrt{\frac{m+n}{n}}$,

$$\frac{\partial^2 x}{\partial z^2} = \frac{\gamma}{(b+z)^2} \cdot \frac{\partial V}{W} = \frac{\gamma}{(b+z)^2 . W} \cdot \Big[-2nM(b+z) - 2bN\frac{\partial x}{\partial z} + 4bn(b+z)x + 2bn(2bz+z^2)\frac{\partial x}{\partial z}\Big]$$

$$= -\frac{\gamma}{(b+z)^2 . W} \cdot \Big[2n[b+z][M-2bx] + 2b[N-n(2bz+z^2)]\frac{\partial x}{\partial z}\Big]$$

$$= -\frac{2n\gamma}{b+z} \cdot \frac{M-2b'x}{W},$$ worinnen

$$W = 2h\delta[2a + 2x + b] + 2\gamma[bh + ml^2 + 2nb^2] - 4\gamma bl\sqrt{n(n+m)}$$

ist.

Es ist aber offenbar für alle Fälle der Anwendung, nemlich für Werthe von b, die in Vergleich gegen h nur klein sind, W positiv und

$$\begin{aligned} M - 2bx &= h^2 - b^2 - 2ab - 2bx \\ &= h^2 + (a+x)^2 - b^2 - 2b(a+x) - (a+x)^2 \\ &= h^2 + (a+x)^2 - (a+b+x)^2 = AC^2 - AD^2 \end{aligned}$$

ebenfalls, welche Wahrheiten insbesondere für $b = 0$ ins Auge fallen; folglich die 2te Ableitung negativ, und daher x für $z = -b + l\sqrt{\frac{m+n}{n}}$ ein Maximum.

10. Aus der letzten Gleichung in Nr. 7. ergiebt sich nun, wenn man den für z gefundenen Werth substituirt, die erforderliche Gleichung zur Bestimmung des Werthes von x, welcher auch in den nachtheiligsten Fällen genügende Stabilität liefert, nemlich:

$$\begin{aligned} 3\delta x^2 + \Big[3\delta(2a+b) \\ + \frac{3\gamma}{h}[bh + ml^2 + 2nb^2 - 2bl\sqrt{n(n+m)}]\Big]x \\ + \delta(2a+b)(a+b) - \gamma(h^2 - 3ab - 2b^2) \\ - \frac{3\gamma}{h}[h^2 - b^2 - 2ab].[nb - l\sqrt{n(n+m)}] = 0. \end{aligned}$$

11. Aus der allgemeinen Gleichung in Nr. 10. entspringt:

I. für $b = 0$,

$$3\delta x^2 + [6a\delta + 3m\gamma h]x + 2a^2\delta - h^2\gamma + 3h^2\gamma.\sqrt{n(n+m)} = 0.$$

II. Für $a = 0$,

$$3\delta x^2 + 3\left[b(\delta+\gamma) + \frac{\gamma}{h}[ml^2 + 2nb^2 - 2bl\sqrt{n(n+m)}]\right]x$$
$$+ b^2(2\gamma+\delta) - h^2\gamma - \frac{3\gamma}{h}(h^2-b^2)[nb-l\sqrt{n(n+m)}] = 0.$$

III. Für $b = 0$ und auch $a = 0$,

$$3\delta x^2 + 3m\gamma hx - h^2\gamma + 3h^2\gamma\sqrt{n(n+m)} = 0.$$

12. Berücksichtigt man, um sicher zu gehen, die der Stabilität zu Hülfe kommende Reibung nicht, setzt also $m = 0$ und $n = 0$, so entsteht allgemein die Gleichung:

I. $$3\delta x^2 + 3[(2a+b)\delta + b\gamma]x + (2a+b)(a+b)\delta - \gamma(h^2 - 3ab - 2b^2) = 0,$$

und hieraus

II. für $b = 0$,

$$3\delta x^2 + 6a\delta x + 2a^2\delta - h^2\gamma = 0;$$

III. für $a = 0$,

$$3\delta x^2 + 3b(\delta+\gamma)x + b^2(2\gamma+\delta) - \gamma h^2 = 0;$$

IV. für $a = 0$ und $b = 0$,

$$3\delta x^2 - h^2\gamma = 0,$$

und diese letzten 4 Gleichungen sind nach §. 19. die practisch brauchbaren.

§. 21. **Aufgabe.** Die Gleichung zwischen rechtwinklichten Abscissen x und Ordinaten y derjenigen Curve zu bestimmen, für welche jede durch x, y und den zugehörigen Bogen v begränzte Ebene, als normaler Querschnitt, eines normalen Prismens von der Höhe h und der Gewichts-Einheit q gedacht, wenn die Ebene hx in eine verticale, die hy in eine horizontale Lage gebracht wird, das Widerstands-Moment (die Stabilität) dieses Prismens, in Beziehung auf die Kante in welcher sich hx und hy schneiden, eben so groß hervorbringt, als das Moment des Wasserdrucks, in Beziehung auf dieselbe Achse, ist, wenn das Wasser gegen die Fläche hv anliegt, und x die Höhe des Wasserstandes ist, so daß also für jeden Werth von x ein Gleichgewicht zwischen diesen Kräften, dem Gewicht des Prismens und dem Wasserdruck, in Beziehung auf die erwähnte Momenten-Achse, statt findet (Fig. 13.).

Auflösung. Das Moment des Prismens ist $= \int hq \cdot \frac{y}{2} \cdot y \partial x$, und das des lothrechten Wasserdrucks $= xy \cdot h\gamma \cdot \frac{y}{2} - \int h\gamma \cdot \frac{y}{2} \cdot y \partial x$, unter γ das Gewicht eines Cubicfußes Wasser verstanden, so daß also alle Längen-Maaße in Fußen zu nehmen sind. Weil nun der horizontale Wasserdruck $= hx \cdot \frac{x}{2} \cdot \gamma$, sein Hebelsarm $= \frac{x}{3}$, also sein Moment $= hx \cdot \frac{x}{2} \cdot \gamma \cdot \frac{x}{3}$ ist, so entsteht die Gleichung:

$$hx \cdot \frac{x}{2} \cdot \gamma \cdot \frac{x}{3} = \int hq \cdot \frac{y}{2} \cdot y \partial x + xyh\gamma \cdot \frac{y}{2} - \int h\gamma \cdot y \cdot \frac{y}{2} \partial x,$$

und hieraus entspringt, wenn man die erste Ableitung nimmt, $\gamma \cdot x^2 \cdot \partial x = q \cdot y^2 \cdot \partial x + 2xy \cdot \gamma \partial y$, oder $\frac{q}{\gamma}$ durch n ausgedrückt,

$$x^2 \partial x = n \cdot y^2 \cdot \partial x + 2xy \partial y.$$

Um das Integral dieser Gleichung zu finden, setze man $y = u \cdot w$, so erhält man:

$$x^2 \partial x = nu^2 w^2 \partial x + 2xu^2 w \partial w + 2xuw^2 \partial u,$$

und dieser Gleichung geschieht Genüge, wenn

1. $nu^2 w^2 \partial x + 2xu^2 w \partial w = 0$ und
2. $x^2 \partial x = 2xuw^2 \partial u$ gemacht wird.

Aus 1. entspringt $n\frac{\partial x}{x} = -2 . \frac{\partial w}{w}$ und also auch $n \log n\, x = -2 \log n\, w$, oder $x^n = w^{-2}$, oder auch $w^2 = x^{-n}$, und setzt man diesen Werth in 2., so folgt:

$$x^2 \partial x = 2 x u x^{-n} \partial u,$$

und hieraus:

$$x^{n+1} \partial x = 2 u \partial u,$$

folglich

$$\frac{x^{n+2}}{n+2} = u^2,$$

und demnach

$$y^2 = u^2 . w^2 = \frac{x^{n+2}}{n+2} . x^{-n} = \frac{x^2}{n+2},$$

folglich

$$y = \frac{x}{\sqrt{n+2}}, \text{ oder } x = y . \sqrt{n+2},$$

wo keine Constante hinzukommt, weil x und y zugleich verschwinden. Aus der erhaltenen Gleichung

$$x = y . \sqrt{\frac{q+2\gamma}{\gamma}}$$

erhellet, daß v eine gerade Linie ist.

§. 22. Zusatz. Soll in Beziehung auf gleitende Bewegung der Ebene hy nach der Richtung von y das Gleichgewicht statt finden, so entsteht, unter μ den Reibungs-Coefficienten verstanden, die Gleichung:

$$h x . \frac{x}{2} . \gamma = \mu [\int h q y \partial x + (h x y - \int h y \partial x) \gamma],$$

und hieraus, wie im vor. §.

$$x \partial x = \mu n y \partial x + \mu x \partial y, \text{ und}$$

$$x = \mu (n+1) . y \text{ oder}$$

$$x = \mu \frac{q+\gamma}{\gamma} . y,$$

so daß also v auch eine gerade Linie ist.

Beispiel. Ist $x=10$, $q=99$, $\gamma=66$, $\mu=\frac{1}{3}$, so muß fürs Gleichgewicht, in Beziehung auf Umwerfung des Prismens,

$$y = 5{,}34,$$

und in Beziehung auf Fortgleiten,

$$y = 12$$

werden.

§. 23. Aufgabe. In einer verticalen Seitenwand eines mit Wasser angefüllten Gefäßes, befindet sich ein parabolischer Raum NCQ (Fig. 14.), dessen begränzende Linie NQ horizontal ist, der Scheitelpunct dieser Parabel liege in C, und die verticalliegende Achse CP sei $=h$, die Gleichung zwischen Abscissen x auf der Achse, vom Scheitelpunct C aus gemessen, und rechtwinklichten Ordinaten ME $=$ MG $= y$, sei $y = a \cdot x^n$, der Wasserspiegel schneide die verticale Wand in AB, man soll den Mittelpunct des Wasserdrucks auf die Ebene NCQ bestimmen.

Auflösung. Die Entfernung von AB bis zu C sei $= e$, die Höhe CP $= h$, $y = \varphi x$, das Moment des Wasserdrucks auf CEG, in Beziehung auf die Momentenachse NQ, sei $= Fx$, der Druck auf CEG selbst $= fx$, so hat man, wenn x um k wächst:

1. $F(x+k) - Fx = [f(x+k) - fx](h - x - k')$,

wenn k′ zwischen Null und k liegend gedacht wird, und

2. $f(x+k) - fx = 2k \cdot \varphi(x+k') \cdot [e + x + k''] \cdot \gamma$,

unter k″ eine zwischen Null und k fallende Länge, und unter γ das Gewicht eines Cubicfußes Wasser verstanden.

Aus 1. folgt:

$$F'x = f'x \cdot (h - x),$$

und aus 2.

$$f'x = 2\gamma(e+x).\varphi x, \text{ oder}$$
$$f'x = 2a\gamma(e+x).x^n \text{ und}$$
$$F'x = 2a\gamma(h-x)(e+x).x^n,$$

und folglich ist

$$fx = 2a\gamma.\left[\frac{ex^{n+1}}{n+1}+\frac{x^{n+2}}{n+2}\right]+C,$$
$$Fx = 2a\gamma.\left[\frac{hex^{n+1}}{n+1}+\frac{(h-e)x^{n+2}}{n+2}-\frac{x^{n+3}}{n+3}\right]+C.$$

Mit $x = 0$ verschwinden beide Ausdrücke und auch die Gegenstände, welche sie bestimmen, daher sind die Constanten gleich Null, und folglich

$$fh = 2a\gamma.h^{n+1}\left[\frac{e}{n+1}+\frac{h}{n+2}\right],$$
$$Fh = 2a\gamma.h^{n+2}\left[\frac{e}{n+1}+\frac{h}{n+2}-\frac{e}{n+2}-\frac{h}{n+3}\right]$$
$$= \frac{2a\gamma h^{n+2}}{n+2}\left[\frac{e}{n+1}+\frac{h}{n+3}\right].$$

Man erhält daher die Entfernung w von NQ bis zum Mittelpunct des Wasserdrucks $= \frac{Fh}{fh}$, oder

$$w = \frac{h}{n+2}.\frac{\frac{e}{n+1}+\frac{h}{n+3}}{\frac{e}{n+1}+\frac{h}{n+2}}, \text{ oder auch}$$
$$w = \frac{h}{n+3}.\frac{(n+3)e+(n+1)h}{(n+2)e+(n+1)h}.$$

§. 24. Erster Zusatz. Ist $e=0$, d. h. reicht der Wasserspiegel gerade nur bis zum Scheitelpunct C, so ist

$$w = \frac{h}{n+3}.$$

Aus der Formel $w=\frac{h}{n+3}$ folgt für die gewöhnliche Parabel, also für $n = \frac{1}{2}$, $w = \frac{2}{7}.h$.

Soll $w = \frac{1}{3} h$ werden, so muß $n = 0$ sein, und die Gleichung $y = a . x^0 = a$ bestimmt ein Rechteck.

Soll $w = \frac{1}{4} h$ werden, so muß $n = 1$ sein, und die Gleichung $y' = a . x$ bestimmt ein Dreieck.

Soll $w = \frac{3}{8} h$ werden, so muß $\frac{1}{n+3} = \frac{3}{8}$, also $n = -\frac{1}{3}$ sein, und die Gleichung ist $y . \sqrt[3]{x} = a$.

u. s. w.

§. 25. Zweiter Zusatz. Ist die gedrückte Ebene um eine horizontale Achse EG drehbar, und soll der Ort derselben der Bedingung gemäß bestimmt werden, daß die Ebene NCQ vom Wasserdruck um diese Achse nicht gedreht werde, so muß

$$PM = w = \frac{h}{n+3} \cdot \frac{(n+3)e + (n+1)h}{(n+2)e + (n+1)h} \text{ sein.}$$

Ist $n = 0$, also die Ebene ein Rechteck, so wird

$$PM = \frac{h}{3} \cdot \frac{3e + h}{2e + h}.$$

Ist $n = 1$, also die Ebene ein Dreieck, so wird

$$PM = \frac{h}{4} \cdot \frac{4e + 2h}{3e + 2h}.$$

§. 26. Aufgabe. Ein volles normales Prismen, dessen Grundebene eine gewöhnliche Parabel ist, schwimme in lothrechter Lage der Achse dieser Parabel, man soll bestimmen für welche Werthe des specifischen Gewichts β der Materie dieses Körpers, derselbe in der erwähnten Lage Stabilität hat.

Auflösung. 1. Bezeichnet $AB = h$ die Achse der Parabel (Fig. 15.), $b = BC = BD$ die zugehörige normale Ordinate, $p = \frac{b^2}{h}$ den Parameter, $x = AE$ die Tiefe der Einsenkung ins Wasser, wenn AB vertical ist, $y = EF = EG$ die zugehörige normale Ordinate, so ist unter l die Länge des Körpers, also die Höhe des Prismens verstanden, der Querschnitt $CDA = \frac{4}{3} bh$, der $FGA = \frac{4}{3} xy$, also die Bedingungsgleichung:

$$\frac{4}{3} xy . l . \gamma = \frac{4}{3} bhl\beta\gamma,$$

wenn γ das Gewicht eines Cubicfußes Wasser ausdrückt. Aus dieser Gleichung und der $y^2 = px = \frac{b^2}{h} x$ folgt $x = h . \sqrt[3]{\beta^2}$.

2. Kommt dieser Körper durch Einwirkung irgend einer Kraft in die Lage (Fig. 16.), für welche der Wasserspiegel HI, mit der Achse $AB = h$ den Winkel z bildet, ist N die Mitte von HI, NQ parallel h bis zum Durchschnittspunct Q mit der parabolischen Linie, und $NP = QR$ normal auf h, so ist

$$NP = QR = \frac{p}{2} \text{Cotg}\, z \text{ (A. §. 151.)} = \frac{b^2}{2h} \text{Cotg}\, z;$$

folglich aus $QR^2 = p . AR$, $AR = \frac{b^2}{4h} \text{Cotg}\, z^2$, und nun Querschnitt HIAQ = Querschnitt FGA, oder

$$\frac{4}{3} HN . NQ \,\text{Sin}\, z = \frac{4}{3} xy = \frac{4}{3} bh\beta,$$

und aus dieser Gleichung, verbunden mit der

$$HN^2 = \frac{p}{\text{Sin}\, z^2} . NQ \text{ (A. §. 152.)},$$

folgt $NQ = h . \sqrt[3]{\beta^2}$.

3. Ist W der Schwerpunct des Querschnitts HIAQ, also $QW = \frac{3}{5} QN = \frac{3}{5} h . \sqrt[3]{\beta^2}$, ferner K der Schwerpunct des Querschnitts CDA, also $AK = \frac{3}{5} h$, WM lothrecht bis zum Durchschnittspunct M mit der Achse AB, also M das Metacentrum, so hat der Körper in der ersten Lage,

für welche AB lothrecht ist, Stabilität, wenn auch für eine äußerst kleine Abweichung von derselben, doch M oberhalb K fällt, also AM — AK positiv ist. Es ist aber, WL normal auf AB gedacht,

$$LM = WL \operatorname{tg} z = \frac{p}{2} \operatorname{Cotg} z . \operatorname{tg} z = \frac{p}{2} = \frac{b^2}{2h};$$

folglich

$$AM = AR + QW + LM = \frac{b^2}{4h} \operatorname{Cotg} z^2 + \tfrac{3}{5} h \sqrt[3]{\beta^2} + \frac{b^2}{2h},$$

und daher

$$AM - AK = \frac{b^2}{4h} \operatorname{Cotg} z^2 + \tfrac{3}{5} h \sqrt[3]{\beta^2} + \frac{b^2}{2h} - \tfrac{3}{5} h,$$

und dieser Ausdruck bleibt immer positiv, wenn, für jede Abweichung bei welcher C noch über den Wasserspiegel bleibt,

$$\tfrac{3}{5} h \sqrt[3]{\beta^2} + \frac{b^2}{2h} \geqq \tfrac{3}{5} h \text{ ist.}$$

Hieraus folgt:

$$\beta \geqq \left[\frac{6h^2 - 5b^2}{6h^2}\right]^{\frac{3}{2}}.$$

Beispiel. Ist b = h, so hat der Körper Stabilität, wenn β größer, und auch noch, wenn β gleich ist, 0,068.

Ist $b^2 = \frac{6}{5} h^2$ oder $b^2 > \frac{6}{5} h^2$, so findet für jeden Werth von β allemal Stabilität statt, je breiter also ein solcher Körper im Vergleich gegen seine Höhe ist, je sicherer schwimmt er.

§. 27. Aufgabe. Anzugeben, für welche Werthe des specifischen Gewichts β seiner Materie ein voller normaler gleichförmig dichter Cylinder, mit lothrechter Achse im Wasser schwimmend, Stabilität hat.

Auflösung. Bezeichnet r den Halbmesser seiner Grundebene; h seine Höhe; x die Tiefe, zu welcher er in der angegebenen Lage ins Wasser sinkt, alle Maaße in

Fußen verstanden; γ das Gewicht eines Cubiefußes Wasser, so erhält man x aus der Gleichung:

$$r^2 \pi h \beta \gamma = r^2 \pi . x \gamma \quad \text{nemlich} \quad x = \beta h.$$

Bringt nun irgend eine Kraft, die Achse h in eine schiefe Lage, für welche sie mit der Verticale einen Winkel z bildet, und ist ABCD (Fig. 17.) der jetzt verdrängte Wasserkörper, W sein Schwerpunct, WM vertical bis zum Durchschnittspunct M mit der Achse FG des Cylinders verlängert, also M das Metacentrum, so wird, wenn FK $= KG = \frac{1}{2} h$, d. h. K der Schwerpunct des ganzen Cylinders ist, derselbe mit lothrechter Achse schwimmend, Stabilität haben, wenn M, auch für einen unendlich kleinen Werth von z, oberhalb K fällt, d. h. wenn FM größer wie FK oder $\frac{1}{2}h$ ist.

Zur Bestimmung von FM sei WR $\ddagger$ GF, WT $\ddagger$ DA und durch B, die Ebene BI $\ddagger$ mit der Grundebene AD, V der Schwerpunct des Körpers BCI und VN $\ddagger$ FG, also $VN = \frac{5}{16} IC$, $IN = \frac{3}{4} IP = \frac{3}{4} r$ (§. 8.), so hat man:

$$ABCD . WR = ABID . \frac{AB}{2} + BCI . (VN + AB), \text{ und}$$

$$ABCD . RD = ABID . FD + BCI . NI,$$

oder, weil $FE = x = \beta h$ ist,

$$r^2 \pi \beta h . WR = r^2 \pi . [\beta h - r \operatorname{tg} z] . \frac{\beta h - r \operatorname{tg} z}{2}$$

$$+ r^2 \pi . r \operatorname{tg} z . [\tfrac{5}{16} . 2 r \operatorname{tg} z + \beta h - r \operatorname{tg} z] \text{ und}$$

$$r^2 \pi . \beta h . RD = r^2 \pi (\beta h - r \operatorname{tg} z) r + r^2 \pi . r \operatorname{tg} z . \tfrac{3}{4} r, \text{ also}$$

$$WR = FT = \frac{4 \beta^2 h^2 + r^2 \operatorname{tg} z^2}{8 \beta h} \text{ und}$$

$$RD = \frac{r(4 \beta h - r \operatorname{tg} z)}{4 \beta h}; \text{ folglich}$$

$$RF = WT = r - \frac{r(4 \beta h - r \operatorname{tg} z)}{4 \beta h} = \frac{r^2 \operatorname{tg} z}{4 \beta h}, \text{ demnach}$$

$TM = WT \, Cotg \, z = \frac{r^2}{4\beta h}$, und also

$FM = FT + TM = \frac{4\beta^2 h^2 + r^2 tg z^2}{8\beta h} + \frac{r^2}{4\beta h}$, oder

$FM = \frac{2r^2 + 4\beta^2 h^2 + r^2 tg z^2}{8\beta h}$.

Der Cylinder hat daher mit lothrechter Achse schwimmend Stabilität, für alle die Werthe von β, welche, auch für ein unendlich kleines z,

$\frac{2r^2 + 4\beta^2 h^2 + r^2 tg z^2}{8\beta h}$ größer wie $\frac{h}{2}$ machen.

Diese Bedingungs-Ungleichung

$2r^2 + 4\beta^2 h^2 + r^2 tg z^2 > 4h^2\beta$ erfüllen aber alle die Werthe von β, für welche

$2r^2 + 4\beta^2 h^2 \geqq 4h^2\beta$ oder

$2r^2 + h^2 (2\beta - 1)^2 \geqq h^2$ wird, und aus dieser letzten Darstellung erhellet:

1) daß, wenn $2r^2 \geqq h^2$ ist, der Cylinder mit lothrechter Achse schwimmend, immer Stabilität hat, β mag groß oder klein sein.

2) Daß, wenn $2r^2 < h^2$ ist, diese Stabilität nur statt findet, für Werthe von β welche größer, mindestens gleich $\frac{h + \sqrt{h^2 - 2r^2}}{2h}$, und auch für Werthe von β welche kleiner, höchstens gleich $\frac{h - \sqrt{h^2 - 2r^2}}{2h}$ sind.

Für Werthe von β, welche zwischen $\frac{h + \sqrt{h^2 - 2r^2}}{2h}$ und $\frac{h - \sqrt{h^2 - 2r^2}}{2h}$ fallen, schwimmt der Cylinder nicht mit lothrechter Achse.

§. 28. Aufgabe. In einem Punct A wird ein schwerer Körper, unter dem Winkel α gegen den Horizont AF, mit einer anfänglichen Geschwindigkeit c nach der Richtung AB, in die Höhe geworfen; die Vertical-Ebene BAF schneide das Terrain in der geraden Linie DG, und der lothrechte Abstand AD sei $= b$. In welchem Punct N wird der schwere Körper die Linie DG treffen, wenn die Bewegung im luftleeren Raume erfolgte. (Fig. 18.)

Auflösung. Macht man $AB = c.t$, und die lothrechte Linie $BH = gt^2$, so ist der Körper nach t Secunden in H, also die horizontale Abscisse AE gleich x, die verticale Ordinate EH gleich y gesetzt:

$$x = ct \operatorname{Cos}\alpha; \quad y = x \operatorname{tg}\alpha - gt^2;$$

folglich

$$y = x \operatorname{tg}\alpha - \frac{g}{c^2 \operatorname{Cos}\alpha^2} . x^2.$$

Ist nun β = dem Winkel, welchen DG mit dem Horizont macht, und $DN = z$, so darf man, um z zu erhalten, in die Gleichung für y nur $z \operatorname{Cos}\beta$ für x und $z \operatorname{Sin}\beta - b$ für y schreiben, es entsteht:

$$z \operatorname{Sin}\beta - b = z \operatorname{Cos}\beta \operatorname{tg}\alpha - \frac{g}{c^2 \operatorname{Cos}\alpha^2} . z^2 \operatorname{Cos}\beta^2,$$

und hieraus:

$$z = \frac{c^2}{2g \operatorname{Cos}\beta^2} . \Big[\operatorname{Sin}(\alpha - \beta) \operatorname{Cos}\alpha + \operatorname{Cos}\alpha \sqrt{\operatorname{Sin}(\alpha - \beta)^2 + \frac{4bg \operatorname{Cos}\beta^2}{c^2}}\Big].$$

§. 29. Zusatz 1. Für welchen Werth von α wird z ein Maximum?

Wird $\frac{4bg \operatorname{Cos}\beta^2}{c^2}$ durch n ausgedrückt, so ist derjenige Werth von α zu bestimmen, für welchen

$$\varphi\alpha = \mathrm{Sin}(\alpha-\beta)\,\mathrm{Cos}\,\alpha + \mathrm{Cos}\,\alpha\sqrt{a+\mathrm{Sin}(\alpha-\beta)^2}$$

ein Maximum wird. Es entsteht:

$$\varphi'\alpha = -\mathrm{Sin}(\alpha-\beta)\,\mathrm{Sin}\,\alpha + \mathrm{Cos}\,\alpha\,\mathrm{Cos}(\alpha-\beta)$$

$$+\ \mathrm{Cos}\,\alpha\,.\,\frac{2\,\mathrm{Sin}(\alpha-\beta)\,\mathrm{Cos}(\alpha-\beta)}{2\sqrt{a+\mathrm{Sin}(\alpha-\beta)^2}}$$

$$-\sqrt{a+\mathrm{Sin}(\alpha-\beta)^2}\,.\,\mathrm{Sin}\,\alpha$$

$$= \mathrm{Cos}(2\alpha-\beta)$$

$$+\frac{\mathrm{Cos}\,\alpha\,\mathrm{Sin}(\alpha-\beta)\,\mathrm{Cos}(\alpha-\beta) - a\,\mathrm{Sin}\,\alpha - \mathrm{Sin}(\alpha-\beta)^2\,\mathrm{Sin}\,\alpha}{\sqrt{a+\mathrm{Sin}(\alpha-\beta)^2}}$$

$$= \mathrm{Cos}(2\alpha-\beta) + \frac{\mathrm{Sin}(\alpha-\beta)\,\mathrm{Cos}(2\alpha-\beta) - a\,\mathrm{Sin}\,\alpha}{\sqrt{a+\mathrm{Sin}(\alpha-\beta)^2}},$$

und dieser Ausdruck wird zu Null, für

$$\mathrm{Cos}(2\alpha-\beta)^2\,.\,[a+\mathrm{Sin}(\alpha-\beta)^2]$$

$$= [a\,\mathrm{Sin}\,\alpha - \mathrm{Sin}(\alpha-\beta)\,\mathrm{Cos}(2\alpha-\beta)]^2, \text{ oder}$$

$$a\,\mathrm{Cos}(2\alpha-\beta)^2$$

$$= a^2\,\mathrm{Sin}\,\alpha^2 - 2a\,\mathrm{Sin}\,\alpha\,\mathrm{Sin}(\alpha-\beta)\,\mathrm{Cos}(2\alpha-\beta), \text{ oder}$$

$$\mathrm{Cos}(2\alpha-\beta)\,[\mathrm{Cos}(2\alpha-\beta) + 2\,\mathrm{Sin}\,\alpha\,\mathrm{Sin}(\alpha-\beta) = a\,\mathrm{Sin}\,\alpha^2,$$

oder

$$\mathrm{Cos}(2\alpha-\beta)\,\mathrm{Cos}\,\beta = a\,\mathrm{Sin}\,\alpha^2,$$

löst man die Klammern auf, so entsteht:

$$\mathrm{Cos}\,\alpha^2\,\mathrm{Cos}\,\beta^2 - \mathrm{Sin}\,\alpha^2\,\mathrm{Cos}\,\beta^2 + 2\,\mathrm{Sin}\,\alpha\,\mathrm{Cos}\,\alpha\,\mathrm{Sin}\,\beta\,\mathrm{Cos}\,\beta$$

$$= a\,\mathrm{Sin}\,\alpha^2,$$

und hieraus:

$$\mathrm{Cos}\,\alpha^2\,\mathrm{Cos}\,\beta^2 + \mathrm{Sin}\,\alpha^2\,\mathrm{Sin}\,\beta^2 + 2\,\mathrm{Sin}\,\alpha\,\mathrm{Cos}\,\alpha\,\mathrm{Sin}\,\beta\,\mathrm{Cos}\,\beta$$

$$= (a+1)\,\mathrm{Sin}\,\alpha^2, \text{ oder}$$

$$\mathrm{Cos}\,\alpha\,\mathrm{Cos}\,\beta + \mathrm{Sin}\,\alpha\,\mathrm{Sin}\,\beta = \mathrm{Sin}\,\alpha\sqrt{1+a},$$

und folglich ist:

$$\mathrm{Cotg}\,\alpha = -\mathrm{tg}\,\beta + \mathrm{Sec}\,\beta\,.\,\sqrt{1+a}.$$

Für diesen Werth von α hat man also, aus

$$\varphi'\alpha = \mathrm{Cos}(2\alpha-\beta) + \frac{\mathrm{Sin}(\alpha-\beta)\,\mathrm{Cos}(2\alpha-\beta) - a\,\mathrm{Sin}\,\alpha}{\sqrt{a+\mathrm{Sin}(\alpha-\beta)^2}} = 0,$$

oder

$$\mathrm{Cos}(2\alpha-\beta)[\mathrm{Sin}(\alpha-\beta)+\sqrt{a+\mathrm{Sin}(\alpha-\beta)^2}]-a\,\mathrm{Sin}\,\alpha=0,$$

$$1.\quad \mathrm{Sin}(\alpha-\beta)+\sqrt{a+\mathrm{Sin}(\alpha-\beta)^2}=\frac{a\,\mathrm{Sin}\,\alpha}{\mathrm{Cos}(2\alpha-\beta)},$$

ferner

$$2.\quad \mathrm{Cos}(2\alpha-\beta)\,\mathrm{Cos}\,\beta=a\,\mathrm{Sin}\,\alpha^2,$$

also auch

$$3.\quad \mathrm{Sin}(\alpha-\beta)+\sqrt{a+\mathrm{Sin}(\alpha-\beta)^2}=\frac{\mathrm{Cos}\,\beta}{\mathrm{Sin}\,\alpha},$$

und hieraus noch:

$$4.\quad \sqrt{a+\mathrm{Sin}(\alpha-\beta)^2}=\frac{\mathrm{Cos}\,\alpha\,\mathrm{Cos}(\alpha-\beta)}{\mathrm{Sin}\,\alpha},$$

folglich

$$\varphi''\alpha=\partial\,\frac{\mathrm{Cos}(2\alpha-\beta)[\mathrm{Sin}(\alpha-\beta)+\sqrt{a+\mathrm{Sin}(\alpha-\beta)^2}]-a\,\mathrm{Sin}\,\alpha}{\sqrt{a+\mathrm{Sin}(\alpha-\beta)^2}}$$

$$=\frac{\partial[\mathrm{Cos}(2\alpha-\beta)[\mathrm{Sin}(\alpha-\beta)+\sqrt{a+\mathrm{Sin}(\alpha-\beta)^2}]-a\,\mathrm{Sin}\,\alpha]}{\sqrt{a+\mathrm{Sin}(\alpha-\beta)^2}}$$

$$=\frac{\left\{\mathrm{Cos}(2\alpha-\beta)\,\partial[\mathrm{Sin}(\alpha-\beta)+\sqrt{a+\mathrm{Sin}(\alpha-\beta)^2}]+\frac{\mathrm{Cos}\,\beta}{\mathrm{Sin}\,\alpha}.\partial\,\mathrm{Cos}(2\alpha-\beta)-a\,\mathrm{Cos}\,\alpha\right\}}{\frac{\mathrm{Cos}\,\alpha\,\mathrm{Cos}(\alpha-\beta)}{\mathrm{Sin}\,\alpha}}$$

$$=\frac{\mathrm{Sin}\,\alpha}{\mathrm{Cos}\,\alpha\,\mathrm{Cos}(\alpha-\beta)}.\Big[\Big(\mathrm{Cos}(\alpha-\beta)+\frac{\mathrm{Sin}(\alpha-\beta)\,\mathrm{Cos}(\alpha-\beta)}{\sqrt{a+\mathrm{Sin}(\alpha-\beta)}}\Big)\mathrm{Cos}(2\alpha-\beta)-\frac{2\,\mathrm{Cos}\,\beta}{\mathrm{Sin}\,\alpha}\mathrm{Sin}(2\alpha-\beta)-a\,\mathrm{Cos}\,\alpha\Big]$$

$$=\frac{\mathrm{Sin}\,\alpha}{\mathrm{Cos}\,\alpha\,\mathrm{Cos}(\alpha-\beta)}.\Big[\frac{\mathrm{Cos}\,\beta}{\mathrm{Cos}\,\alpha\,\mathrm{Cos}(\alpha-\beta)}.\mathrm{Cos}(\alpha-\beta).\mathrm{Cos}(2\alpha-\beta)-\frac{2\,\mathrm{Cos}\,\beta\,\mathrm{Sin}(2\alpha-\beta)}{\mathrm{Sin}\,\alpha}-a\,\mathrm{Cos}\,\alpha\Big]$$

$$=\frac{\mathrm{Sin}\,\alpha}{\mathrm{Cos}\,\alpha\,\mathrm{Cos}(\alpha-\beta)}.\Big[\frac{\mathrm{Cos}\,\beta\,\mathrm{Cos}(2\alpha-\beta)}{\mathrm{Cos}\,\alpha}-\frac{2\,\mathrm{Cos}\,\beta\,\mathrm{Sin}(2\alpha-\beta)}{\mathrm{Sin}\,\alpha}-\frac{\mathrm{Cos}(2\alpha-\beta)\,\mathrm{Cos}\,\beta}{\mathrm{Sin}\,\alpha^2}.\mathrm{Cos}\,\alpha\Big]$$

$$= -\frac{\operatorname{Sin}\alpha}{\operatorname{Cos}\alpha\operatorname{Cos}(\alpha-\beta)}$$

$$\times\left[\operatorname{Cos}\beta\,.\,\frac{\operatorname{Sin}(2\alpha-\beta)\operatorname{Cos}\alpha-\operatorname{Cos}(2\alpha-\beta)\operatorname{Sin}\alpha}{\operatorname{Sin}\alpha\operatorname{Cos}\alpha}\right.$$

$$\left.+\frac{\operatorname{Cos}\beta}{\operatorname{Sin}\alpha}\,.\,\frac{\operatorname{Cos}(2\alpha-\beta)\operatorname{Cos}\alpha+\operatorname{Sin}(2\alpha-\beta)\operatorname{Sin}\alpha}{\operatorname{Sin}\alpha}\right]$$

$$= -\frac{\operatorname{Cos}\beta}{\operatorname{Cos}\alpha\operatorname{Cos}(\alpha-\beta)}\,.\left[\frac{\operatorname{Sin}(\alpha-\beta)}{\operatorname{Cos}\alpha}+\frac{\operatorname{Cos}(\alpha-\beta)}{\operatorname{Sin}\alpha}\right]$$

$$= -\frac{\operatorname{Cos}\beta^2}{\operatorname{Sin}\alpha\operatorname{Cos}\alpha^2\operatorname{Cos}(\alpha-\beta)},$$

welcher Ausdruck immer negativ bleibt, so lange α ein spitziger Winkel ist, mag α größer oder kleiner wie β sein. Es ist daher z ein Maximum für denjenigen Werth von α, welchen die Gleichung $\operatorname{Cotg}\alpha = -\operatorname{tg}\beta + \operatorname{Sec}\beta\sqrt{1+a}$ liefert.

§. 30. Zusatz 2. Die Größe des Maximums zu bestimmen.

Es ist

$$z = \frac{c^2}{2g\operatorname{Cos}\beta^2}\operatorname{Cos}\alpha\left[\operatorname{Sin}(\alpha-\beta)+\sqrt{a+\operatorname{Sin}(\alpha-\beta)^2}\right],$$

also für den Werth von α, der der Gleichung

$\operatorname{Cotg}\alpha = -\operatorname{tg}\beta + \operatorname{Sec}\beta\sqrt{1+a}$ entspricht,

$$z = \frac{c^2}{2g\operatorname{Cos}\beta^2}\,.\operatorname{Cos}\alpha\,.\frac{\operatorname{Cos}\beta}{\operatorname{Sin}\alpha} = \frac{c^2}{2g\operatorname{Cos}\beta}\,.\operatorname{Cotg}\alpha, \text{ oder}$$

$$z = \frac{c^2}{2g\operatorname{Cos}\beta}\,.\left[-\operatorname{tg}\beta+\operatorname{Sec}\beta\sqrt{1+a}\right]$$

$$= \frac{c^2}{2g\operatorname{Cos}\beta^2}\,.\left[-\operatorname{Sin}\beta+\sqrt{1+a}\right].$$

§. 31. Aufgabe. Eine verticale geometrische Kreisscheibe ist um ihre horizontale Achse ohne Widerstand drehbar. An irgend einer Stelle der Peripherie ist ein schwerer Punct und bewirkt Drehung, man soll die Gesetze dieser Bewegung bestimmen.

Auflösung. Der Halbmesser der Scheibe sei $= r$, das Gewicht des schweren Punctes $= Q$, der Winkel welchen der Halbmesser dieses Punctes mit der Verticale bildet $= \alpha$, das Rad jetzt noch in Ruhe erhalten. Beschreibt nun der Punct Q einen Bogen rx, so soll die Zeit t, in welcher diese Bewegung erfolgt, und die erlangte Geschwindigkeit c als Function von x dargestellt werden.

Im letzten Augenblick der Zeit t ist die Ueberwucht $= Q \operatorname{Sin}(\alpha + x)$, also die beschleunigende Kraft $= \frac{Q \operatorname{Sin}(\alpha + x)}{Q} = \operatorname{Sin}(\alpha + x)$, und also

$$c^2 = 4g \int \operatorname{Sin}(\alpha + x) \,.\, \partial(rx) \quad \text{(M. III. B. §. 82.)}$$
$$= -4rg \operatorname{Cos}(\alpha + x) + C.$$

Für $x = 0$ ist auch $c = 0$, also $C = 4rg \operatorname{Cos} \alpha$, und demnach vollständig:

$$c^2 = 4rg\,[\operatorname{Cos}\alpha - \operatorname{Cos}(\alpha + x)]$$
$$= 8rg \,.\, \operatorname{Sin}\left(\alpha + \frac{x}{2}\right) . \operatorname{Sin}\frac{x}{2}, \text{ und also}$$

$$\text{(I)} \quad c = 2 \,.\, \sqrt{2rg} \,.\, \sqrt{\operatorname{Sin}\left(\alpha + \frac{x}{2}\right) \operatorname{Sin}\frac{x}{2}}.$$

Ferner ist $t = \int \frac{\partial(rx)}{c}$ (M. III. B. §. 82.)

$$= \tfrac{1}{2} \sqrt{\frac{r}{2g}} \,.\, \int \frac{\partial x}{\sqrt{\operatorname{Sin}\left(\alpha + \frac{x}{2}\right) \operatorname{Sin}\frac{x}{2}}}.$$

Weil nun dieses Integral nur näherungsweise zu bestimmen ist, so denke man sich, um einen der Wahrheit nahe liegenden Werth auf kurzem Weg zu erhalten, α nur so groß als erforderlich ist, damit Q in Bewegung komme, also unendlich klein, und bezeichne $\frac{\alpha + x}{2}$ durch y, so wird

$$\alpha + \frac{x}{2} = y + \frac{\alpha}{2}; \text{ und } \frac{x}{2} = y - \frac{\alpha}{2}; \text{ also}$$

$$t = \frac{1}{2}\sqrt{\frac{r}{2g}} \cdot \int_{0} \frac{2\partial y}{\sqrt{\operatorname{Sin}\left(y+\frac{\alpha}{2}\right)\operatorname{Sin}\left(y-\frac{\alpha}{2}\right)}}$$

$$= \sqrt{\frac{r}{2g}} \cdot \int \frac{\partial y}{\sqrt{\operatorname{Sin} y^2 - \left(\operatorname{Sin}\frac{\alpha}{2}\right)^2}},$$

oder annähernd, für einen unendlich kleinen Werth von α, d. h. für $\left(\operatorname{Sin}\frac{\alpha}{2}\right)^2$ nahe = Null,

$$t = \sqrt{\frac{r}{2g}} \cdot \int \frac{\partial y}{\operatorname{Sin} y} = \sqrt{\frac{r}{2g}} \cdot \ln \operatorname{tg}\frac{y}{2} + C.$$

Für $x = 0$, also $y = \frac{\alpha}{2}$, wird auch $t = 0$, daher

$$C = -\sqrt{\frac{r}{2g}} \cdot \ln \operatorname{tg}\frac{\alpha}{4},$$

und demnach

$$\text{(II)} \quad t = \sqrt{\frac{r}{2g}} \cdot \left[\ln \operatorname{tg}\frac{\alpha + x}{4} - \ln \operatorname{tg}\frac{\alpha}{4}\right].$$

§. 32. Zusatz. Aus (I)

$$c = 2\sqrt{2rg}\sqrt{\operatorname{Sin}\left(\alpha+\frac{x}{2}\right)\operatorname{Sin}\frac{x}{2}},$$

erhält man den Winkel $x = \delta$, für welchen c ein Max. wird, nemlich $\delta = \pi - \alpha$, und aus (II) die zugehörige Zeit $= \sqrt{\frac{r}{2g}} \cdot \ln \operatorname{Cotg}\frac{\alpha}{4}$.

Die Zeit, nach Verlauf welcher die Bewegung endigt, erhält man, wenn aus (I) zuvörderst der Winkel bestimmt wird, für welchen $c = 0$ wird; dieser ist $= 2\pi - 2\alpha$, und die zugehörige Zeit aus (II)

$$= 2 \cdot \sqrt{\frac{r}{2g}} \cdot \ln \operatorname{Cotg}\frac{\alpha}{4}.$$

§. 33. Aufgabe. Eine verticale geometrische Kreisscheibe ist um ihre horizontale Achse drehbar, und an irgend einer Stelle der Scheibe, in der Entfernung a von der Achse ein materieller Punct p vom Gewicht Q befestigt. Es wird p in eine solche Lage gebracht, daß das Drehungs-Moment von Q um ein Minimum größer ist, als das Moment der aus Q entspringenden Reibung der mathematischen Zapfen in ihren Zapfenlagern, so daß also drehende Bewegung beginnen wird; man soll für jede Stelle des Punctes p in seiner Peripherie die stattfindende Geschwindigkeit bestimmen.

Auflösung. Es bezeichne r die Halbmesser der Zapfen, μ den Reibungs-Coefficienten, BCD den verticalen Durchmesser der Scheibe, F die Stelle des Punctes p in seiner Peripherie, für welche Gleichgewicht zwischen Q und der Reibung an den Zapfen statt findet (Fig. 19.), und α den zugehörigen Winkel FCB mit dem verticalen Halbmesser CB, A die unmittelbar auf F folgende Stelle in dieser Peripherie, so daß $\angle$ ACB $= \beta$ nur um ein Minimum größer wie α ist, endlich MN den horizotalen Durchmesser des Rades.

1. Bestimmung des Winkels α, im Längenmaaß für den Halbmesser 1 verstanden.

Das Gewicht Q in F hat den Hebelsarm $a \operatorname{Sin} \alpha$, die Reibung μQ an den Zapfen den r, und folglich ist, bei der angegebenen Bedeutung von α,

$$Q a \operatorname{Sin} \alpha = r \cdot \mu Q, \text{ folglich}$$

$$a \operatorname{Sin} \alpha = r\mu, \text{ so wie } \operatorname{Sin} \alpha = \frac{r\mu}{a}.$$

2. Bestimmung der Geschwindigkeit c des Schwerpunctes für jede Stelle E zwischen A und G im ersten Quadranten.

Ist $\angle ACE = x$, so entspringt aus Q in E, eine Wirkung nach der Richtung $EC = Q \operatorname{Cos}(\beta + x)$, und eine tangentiale Wirkung in $E = Q \operatorname{Sin}(\beta + x)$; von letzterer geht ein Theil R auf Ueberwindung der Zapfen-Reibung verlohren, und der übrige Theil $Q \operatorname{Sin}(\beta + x) - R$ wirkt als Ueberwucht in diesem Augenblick auf Drehung. Es bestimmt sich aber R aus der Gleichung:

$$R . a = r . \mu . \sqrt{[Q \operatorname{Cos}(\beta + x)]^2 + R^2}, \text{ oder}$$

$$R = \operatorname{Sin}\alpha . \sqrt{[Q \operatorname{Cos}(\beta + x)]^2 + R^2}, \text{ nemlich}$$

$$R = Q \operatorname{tg}\alpha \operatorname{Cos}(\beta + x),$$

und es ist demnach die Ueberwucht oder bewegende Kraft P in $E = Q \operatorname{Sin}(\beta + x) - Q \operatorname{tg}\alpha \operatorname{Cos}(\beta + x)$, oder $P = Q \frac{\operatorname{Sin}(\beta - \alpha + x)}{\operatorname{Cos}\alpha}$, folglich die beschleunigende Kraft in $E = \frac{\operatorname{Sin}(\beta - \alpha + x)}{\operatorname{Cos}\alpha}$, und demnach

$$c^2 = 4g . \int \frac{\operatorname{Sin}(\beta - \alpha + x)}{\operatorname{Cos}\alpha} . \partial AE$$

$$= \frac{4ga}{\operatorname{Cos}\alpha} \int \operatorname{Sin}(\beta - \alpha + x) \, \partial x$$

$$= - \frac{4ag}{\operatorname{Cos}\alpha} \operatorname{Cos}(\beta - \alpha + x) + C.$$

Für $x = 0$ ist auch $c = 0$, also $C = \frac{4ag}{\operatorname{Cos}\alpha} \operatorname{Cos}(\beta - \alpha)$, und daher vollständig:

$$c^2 = \frac{4ag}{\operatorname{Cos}\alpha} . [\operatorname{Cos}(\beta - \alpha) - \operatorname{Cos}(\beta - \alpha + x)] \text{ und}$$

$$c = 2 \sqrt{\frac{ag}{\operatorname{Cos}\alpha} [\operatorname{Cos}(\beta - \alpha) - \operatorname{Cos}(\beta - \alpha + x)]}.$$

Aus dem Werth für P, nemlich aus

$$P = Q . \frac{\operatorname{Sin}(\beta - \alpha + x)}{\operatorname{Cos}\alpha},$$

erkennt man leicht, daß die Geschwindigkeit zwischen A

und G fortwährend wächst. Bezeichnet c′ ihren Werth in G, so ergiebt sich derselbe, wenn $\frac{1}{2}\pi - \beta$ für x in die Formel für c gesetzt wird, nemlich:

$$c' = 2 . \sqrt{\frac{a g}{\text{Cos } \alpha} . [\text{Cos }(\beta - \alpha) - \text{Sin } \alpha]}.$$

3. Bestimmung der Geschwindigkeit v von p für jeden Punct H, in seiner Peripherie im 2ten Quadranten, bei Fortsetzung der schon bestehenden Bewegung. Ist $\angle \text{GCH} = y$, so entspringt aus Q in H ein Druck nach der Richtung $\text{CH} = \text{Q Sin } y$, und eine tangentiale Wirkung in $\text{H} = \text{Q Cos } y$. Von letzterer geht ein Theil R auf Ueberwindung der Zapfenreibung, welche sich nun links von C nicht mehr rechts, wie in 2., äußert, verlohren und nur $\text{Q Cos } y - \text{R}$ wirkt in diesen Augenblick als bewegende Kraft P. Es ergiebt sich aber R aus der Gleichung:

$$\text{R} . a = r . \mu . \sqrt{(\text{Q Sin } y)^2 + \text{R}^2}, \text{ oder}$$

$$\text{R} = \text{Sin } \alpha . \sqrt{(\text{Q Sin } y)^2 + \text{R}^2}, \text{ nemlich}$$

$$\text{R} = \text{Q tg } \alpha . \text{Sin } y,$$

und es ist folglich:

$$\text{P} = \text{Q Cos } y - \text{Q tg } \alpha \text{ Sin } y = \text{Q} \frac{\text{Cos }(\alpha + y)}{\text{Cos } \alpha};$$

also die beschleunigende Kraft $= \frac{\text{Q Cos }(\alpha + y)}{\text{Q Cos } \alpha}$, demnach

$$v^2 = 4 g \int \frac{\text{Cos }(\alpha + y)}{\text{Cos } \alpha} . \partial (a y) = \frac{4 a g}{\text{Cos } \alpha} \text{Sin }(\alpha + y) + \text{C}.$$

Für $y = 0$ ist $v = c'$, und daher vollständig

$$v^2 = \frac{4 a g}{\text{Cos } \alpha} [\text{Sin }(\alpha + y) + \text{Cos }(\beta - \alpha) - 2 \text{ Sin } \alpha].$$

Aus dem Werth für P, nemlich aus $\text{P} = \text{Q} \frac{\text{Cos }(\alpha + y)}{\text{Cos } \alpha}$ erhellet, daß die Geschwindigkeit v wächst, bis $y = \frac{1}{2}\pi - \alpha$, für welche Stelle also v ein Maximum ist. Für Werthe von y zwischen G und I, für welche $y > \frac{1}{2}\pi - \alpha$ ist, wird P negativ, folglich die Bewegung verzögert.

Ergiebt sich aus

$$\text{Sin}(\alpha + y) + \text{Cos}(\beta - \alpha) - 2\,\text{Sin}\,\alpha = 0,$$

für y ein Werth kleiner wie $\frac{1}{2}\pi$, so bestimmt derselbe die Stelle zwischen G und I, für welche die Bewegung aufhört. Ergiebt sich kein solcher Werth, so dauert sie fort, und bezeichnet v' die Geschwindigkeit im tiefsten Punct I, so ergiebt sich v' wenn $\frac{1}{2}\pi$ für y in die Formel für v gesetzt wird. Man erhält:

$$(v')^2 = \frac{4ag}{\text{Cos}\,\alpha} \cdot [\text{Cos}\,\alpha + \text{Cos}(\beta - \alpha) - 2\,\text{Sin}\,\alpha].$$

4. Man soll, wenn die Bewegung im dritten Quadranten noch fortdauert, für jeden Punct K zwischen I und L die stattfindende Geschwindigkeit u bestimmen.

Ist Winkel DCK = z, so entspringt aus Q in K ein Druck nach der Richtung CK = Q Cos z, und eine tangentiale Wirkung gegen die Bewegung = Q Sin z. Dieser Wirkung kommt noch die reducirte Reibung zu Hülfe, und nennt man diesen tangentialen Widerstand R, so ergiebt sich R aus der Gleichung:

$$R a = \mu r . \sqrt{(Q\,\text{Cos}\,z)^2 + R^2}, \text{ nemlich}$$
$$R = Q\,\text{tg}\,\alpha\,\text{Cos}\,z,$$

und folglich ist die verzögernde Kraft

$$P = Q\,\text{Sin}\,z + Q\,\text{tg}\,\alpha\,\text{Cos}\,z$$
$$= Q\,\frac{\text{Sin}(\alpha - z)}{\text{Cos}\,\alpha}; \text{ also}$$
$$u^2 = -4g\int \frac{\text{Sin}(\alpha + z)}{\text{Cos}\,\alpha} . \partial(a z)$$
$$= \frac{4ag}{\text{Cos}\,\alpha}\,\text{Cos}(\alpha + z) + C.$$

Für $z = 0$ ist $u = v'$, und daher vollständig:

$$u^2 = \frac{4ag}{\operatorname{Cos}\alpha}[\operatorname{Cos}(\alpha+z) + \operatorname{Cos}(\beta-\alpha) - 2\operatorname{Sin}\alpha].$$

Aus $P = \frac{Q\operatorname{Sin}(\alpha+z)}{\operatorname{Cos}\alpha}$ erhellet, daß u fortwährend abnimmt. Ergiebt sich aus

$$\operatorname{Cos}(\alpha+z) + \operatorname{Cos}(\beta-\alpha) - 2\operatorname{Sin}\alpha = 0$$

ein Werth für z kleiner wie $\frac{1}{2}\pi$, so bestimmt derselbe die Stelle zwischen I und L, in welcher die Bewegung aufhört. Ergiebt sich kein solcher Werth, so dauert sie fort, und bezeichnet u' die Geschwindigkeit in L, so erhält man:

$$(u')^2 = \frac{4ag}{\operatorname{Cos}\alpha}[\operatorname{Cos}(\beta-\alpha) - 3\operatorname{Sin}\alpha].$$

5. Man soll, wenn die Bewegung im vierten Quadranten noch fortdauert, für jeden Punct T die stattfindende Geschwindigkeit w bestimmen.

Ist $\angle LCT = p$, so erhält man wie in 4. die verzögernde Kraft $= Q\operatorname{Cos}p + Q\operatorname{tg}\alpha\operatorname{Sin}p = \frac{Q\operatorname{Cos}(p-\alpha)}{\operatorname{Cos}\alpha}$; also

$$w^2 = -4g\int\frac{\operatorname{Cos}(p-\alpha)}{\operatorname{Cos}\alpha}.\partial(ap)$$

$$= -\frac{4ag}{\operatorname{Cos}\alpha}.\operatorname{Sin}(p-\alpha) + C.$$

Für $p = 0$ ist

$$w^2 = \frac{4ag}{\operatorname{Cos}\alpha}[\operatorname{Cos}(\beta-\alpha) - 3\operatorname{Sin}\alpha], \text{ also}$$

$$C = \frac{4ag}{\operatorname{Cos}\alpha}[\operatorname{Cos}(\beta-\alpha) - 4\operatorname{Sin}\alpha],$$

und daher vollständig:

$$w^2 = \frac{4ag}{\operatorname{Cos}\alpha}[\operatorname{Cos}(\beta-\alpha) - \operatorname{Sin}(p-\alpha) - 4\operatorname{Sin}\alpha].$$

Weil nun, wenn die Bewegung nicht schon im 2ten oder 3ten Quadranten endigt, sie nothwendig im 4ten auf=

hören muß, so muß auch aus

$$\mathrm{Cos}(\beta-\alpha)-\mathrm{Sin}(p-\alpha)-4\,\mathrm{Sin}\,\alpha=0$$

ein Werth für p hervorgehen, der kleiner wie $\frac{1}{2}\pi$ ist.

Ohne Rücksicht auf Reibung, also für $\mu=0$, folglich auch $\alpha=0$ wird wie in der vorigen Aufgabe

$$p=\tfrac{1}{2}\pi-\beta.$$

Beispiel. Ist $\alpha=30^\circ$, $\beta=30^\circ$ + unendlich klein, also $\mathrm{Cos}(\beta-\alpha)=1$, so giebt die Gleichung $\mathrm{Sin}(\alpha+y)+\mathrm{Cos}(\beta-\alpha)-2\,\mathrm{Sin}\,\alpha=0$ (siehe 3.), oder $\mathrm{Sin}(30+y)+1-1=0$, oder $\mathrm{Sin}(30+y)=0$ keinen Werth für y der kleiner wie 90° und positiv ist, die Bewegung hört also zwischen G und I noch nicht auf. Die Gleichung

$\mathrm{Cos}(\alpha+z)+\mathrm{Cos}(\beta-\alpha)-2\,\mathrm{Sin}\,\alpha=0$ (siehe 4.), oder $\mathrm{Cos}(30+z)+1-1=0$ giebt aber $z=60^\circ$, und die Bewegung endigt also in K, wenn $\angle ICK=60^\circ$ ist.

§. 34. Aufgabe. Die Aufgabe sei dieselbe wie im vor. §., nur soll der Einfluß berücksichtigt werden, welchen die Centrifugalkraft von Q, in Beziehung auf die Reibung an den Zapfen, äußert.

Auflösung. Mit Beibehaltung der Bezeichnung im vor. §. ist in E die Centrifugalkraft $=\frac{c^2Q}{2ag}$, welche Wirkung sich nach der Richtung CE äußert; also, so lange $Q\,\mathrm{Cos}(\beta+x)>\frac{c^2Q}{2ag}$ ist, der Reibung erzeugende Druck nach der Richtung $EC=Q\,\mathrm{Cos}(\beta+x)-\frac{c^2Q}{2ag}$; folglich

$$R.a=r\mu.\sqrt{R^2+\left[Q\,\mathrm{Cos}(\beta+x)-\frac{c^2Q}{2ag}\right]^2},$$ und hieraus, wenn $a\,\mathrm{Sin}\,\alpha$ für $r\mu$ gesetzt wird:

$$R = \operatorname{tg}\alpha . \left[Q \operatorname{Cos}(\beta + x) - \frac{c^2 Q}{2ag}\right],$$

folglich die Ueberwucht P in E nach der Richtung der Tangente $= Q \operatorname{Sin}(\beta + x) - \operatorname{tg}\alpha \left[Q \operatorname{Cos}(\beta + x) - \frac{c^2 Q}{2ag}\right]$

$= \frac{Q \operatorname{Sin}(\beta - \alpha + x)}{\operatorname{Cos}\alpha} + \frac{c^2 \operatorname{tg}\alpha . Q}{2ag}$, und demnach die beschleunigende Kraft in E nach dieser Richtung

$$= \frac{\operatorname{Sin}(\beta - \alpha + x)}{\operatorname{Cos}\alpha} + \frac{c^2 \operatorname{tg}\alpha}{2ag}.$$

Man hat daher:

$$c^2 = 4g \int \left[\frac{\operatorname{Sin}(\beta - \alpha + x)}{\operatorname{Cos}\alpha} + \frac{c^2 \operatorname{tg}\alpha}{2ag}\right] \partial(ax),$$

oder z für c^2 und y für $\beta - \alpha + x$ geschrieben,

$$\partial z = \frac{4ag}{\operatorname{Cos}\alpha} \operatorname{Sin} y \partial y + 2 \operatorname{tg}\alpha . z . \partial y.$$

Um zu dieser Ableitungsgleichung die Stammfunction zu finden, bezeichne man $\frac{4ag}{\operatorname{Cos}\alpha}$ durch A und $2 \operatorname{tg}\alpha$ durch n, und setze ferner $u . v$ für z, so entsteht:

$$u \partial v + v \partial u = A \operatorname{Sin} y \partial y + n . u v \partial y,$$

und dieser Gleichung geschieht Genüge, wenn

1. $u \partial v = n u v \partial y$ und

2. $v \partial u = A \operatorname{Sin} y \partial y$ gemacht wird. Aus $u \partial v = n u v \partial y$ folgt aber $\ln v = ny$, also $v = e^{ny}$, (unter e die Basis des natürlichen Logarithmen-Systems verstanden) und setzt man diesen Werth in die 2te Gleichung, so entsteht:

$$\partial u = A . e^{-ny} \operatorname{Sin} y \partial y.$$

Aus dieser Gleichung folgt aber, wenn erstens $- \partial \operatorname{Cos} y$ für $\operatorname{Sin} y \partial y$ gesetzt wird,

$$u = - A . e^{-ny} \operatorname{Cos} y + A \int \operatorname{Cos} y . \partial (e^{-ny}) \text{ oder}$$

$$u = - A . e^{-ny} \operatorname{Cos} y - A n \int \operatorname{Cos} y . e^{-ny} . \partial y,$$

ferner, wenn $\frac{\partial(e^{-ny})}{-n}$ für $e^{-ny}.\partial y$ geschrieben wird,

$$u = -\frac{A}{n}\operatorname{Sin} y . e^{-ny} + \frac{A}{n}\int e^{-ny}\partial \operatorname{Sin} y, \text{ oder}$$

$$n^2 u = -A n . e^{-ny}\operatorname{Sin} y + A n\int \operatorname{Cos} y . e^{-ny} . \partial y,$$

und die Summe beider Darstellungen liefert:

$$(1 + n^2) u = -A . e^{-ny}[\operatorname{Cos} y + n \operatorname{Sin} y] + C.$$

Weil nun aber

$$v = e^{ny}$$

ist, so folgt sogleich:

$$(1+n^2)uv \text{ oder } (1+n^2)z = -A(\operatorname{Cos} y + n \operatorname{Sin} y) + C.e^{ny},$$

also wenn die ursprünglichen Werthe wieder eingeführt werden:

$$c^2 = -\frac{4ag}{\operatorname{Cos}\alpha[1 + 4\operatorname{tg}\alpha^2]}[\operatorname{Cos}(\beta - \alpha + x) + 2\operatorname{tg}\alpha \operatorname{Sin}(\beta - \alpha + x)] + C . e^{2(\beta-\alpha+x) . \operatorname{tg}\alpha}.$$

Für $x = 0$ ist auch $c = 0$, und hieraus ergiebt sich:

$$C = \frac{4ag}{\operatorname{Cos}\alpha(1 + 4\operatorname{tg}\alpha^2)} \cdot \frac{\operatorname{Cos}(\beta - \alpha) + 2\operatorname{tg}\alpha \operatorname{Sin}(\beta - \alpha)}{e^{2(\beta-\alpha)\operatorname{tg}\alpha}}.$$

Man hat also nun vollständig:

$$c^2 = \frac{4ag}{\operatorname{Cos}\alpha(1 + 4\operatorname{tg}\alpha^2)}[[\operatorname{Cos}(\beta-\alpha)+2\operatorname{tg}\alpha \operatorname{Sin}(\beta-\alpha)]e^{2x\operatorname{tg}\alpha} - \operatorname{Cos}(\beta-\alpha+x) - 2\operatorname{tg}\alpha \operatorname{Sin}(\beta-\alpha+x)],$$

und, weil Null für $\beta-\alpha$ gesetzt werden kann, annähernd

$$c^2 = \frac{4ag}{\operatorname{Cos}\alpha[1 + 4\operatorname{tg}\alpha^2]} \cdot [e^{2x\operatorname{tg}\alpha} - \operatorname{Cos} x - 2\operatorname{tg}\alpha \operatorname{Sin} x],$$

welcher Ausdruck aber nur bis zu dem Werth von x richtige Resultate liefert, für welchen $\operatorname{Cos}(\beta + x) = \frac{c^2}{2ag}$ wird. Ist dieser gefunden, so kann dann die Untersuchung wie im vorigen §. für die fernere Bewegung fortgesetzt werden.

§. 35. **Aufgabe.** Das Moment der Trägheit eines normalen abgekürzten Kegels, in Beziehung auf seine Achse, zu bestimmen.

Erste Auflösung. Bezeichnen r, ϱ die Halbmesser der Grundebenen, h die Höhe, und nimmt man parallel mit den beiden Grundebenen in der Entfernung x von der $\varrho^2 \pi$ eine Durchschnittsebene, und bezeichnet deren Halbmesser mit $y = fx$, das Moment der Trägheit des Kegels zu den Halbmesser ϱ, y und der Höhe x mit φx, so ist, $r > \varrho$ gedacht, und unter p die Gewichts-Einheit verstanden,

$$\varphi(x+k) - \varphi x > \frac{k.(fx)^2 \pi p}{2}.(fx)^2 \text{ und}$$

$$\varphi(x+k) - \varphi x < \frac{k.[f(x+k)]^2 \pi . p}{2}.[f(x+k)]^2$$

(M. III. B. §. 136.), und es muß daher ein Werth k′ kleiner wie k existiren, für welchen

$$\varphi(x+k) - \varphi x = \frac{k.\pi.p}{2}.[f(x+k')]^4$$

ist. Aus dieser Gleichung folgt auf dem gewöhnlichen Weg:

$$\varphi' x = \frac{\pi p}{2}.(fx)^4 = \frac{\pi p}{2}.\left[\varrho + \frac{r-\varrho}{4} x\right]^4,$$

und hieraus

$$\varphi x = \frac{\pi p}{2}.\frac{h}{r-\varrho}.\tfrac{1}{5}.\left[\varrho + \frac{r-\varrho}{h} x\right]^5 + C$$

$$= \frac{\pi p h}{10.(r-\varrho)}.\left[\left(\varrho + \frac{r-\varrho}{h} x\right)^5 - \varrho^5\right], \text{ also}$$

$$\varphi h = \frac{\pi p h}{10(r-\varrho)}[r^5 - \varrho^5] \text{ und, wenn } \varrho = 0 \text{ ist,}$$

$$\varphi h = \tfrac{1}{10}\pi p h . r^4.$$

Zweite Auflösung. Man denke sich den Kegel aus 2 Theilen bestehend, aus dem Cylinder $\varrho^2 \pi h$, dessen Moment der Trägheit $= \frac{\varrho^2 \pi h p}{2}.\varrho^2$ ist, und aus dem, durch diesen Cylinder ausgehöhlten abgekürzten Kegel, nehme einen veränderlichen Halbmesser x, größer wie ϱ und kleiner wie r, und stelle sich den der Achse des Kegels zugehörigen Cylinder-Mantel vor, dessen Halbmesser $= x$ und dessen Höhe $= y = fx = h.\frac{r-x}{r-\varrho}$ ist. Bezeichnet nun Fx das Moment der Trägheit des Körpers zwischen den Cylinder-Mänteln $2\varrho\pi h$ und $2x\pi.fx$, so hat man:

$$F(x+k) - Fx > \tfrac{1}{2}(x+k)^4\pi p.f(x+k) - \tfrac{1}{2}x^4\pi p.f(x+k)$$ und

$$F(x+k) - Fx < \tfrac{1}{2}\pi p fx[(x+k)^4 - x^4],$$

und es muß einen zwischen Null und k fallenden Werth k′ geben, für welchen

$$F(x+k) - Fx = \tfrac{1}{2}\pi p.f(x+k').[(x+k)^4 - x^4]$$ wird.

Aus dieser Gleichung folgt:

$$F'x = \tfrac{1}{2}\pi p.fx.4x^3 = 2\pi p x^3.h.\frac{r-x}{r-\varrho},$$ und hieraus

$$Fx = \frac{2\pi p h}{r-\varrho}\left[\frac{rx^4}{4} - \frac{x^5}{5}\right] + C$$

$$= \frac{2\pi p h}{r-\varrho}\left[\frac{rx^4}{4} - \frac{x^5}{5}\right] - \frac{2\pi p h}{r-\varrho}\left[\frac{r\varrho^4}{4} - \frac{\varrho^5}{5}\right],$$ also

$$Fr = \frac{2\pi p h}{r-\varrho}.\left[\tfrac{1}{20}r^5 - \frac{\varrho^4(5r-4\varrho)}{20}\right]$$

$$= \frac{\pi p h}{10(r-\varrho)}.[r^5 - \varrho^4.(5r-4\varrho)].$$

Addirt man hierzu das Moment der Trägheit des Cylinders $\varrho^2\pi h$, nemlich $\frac{\pi h p \varrho^4}{2}$, so entsteht:

$$\frac{\pi h p}{10(r-\varrho)}.(r^5 - \varrho^5),$$

wie in der ersten Auflösung.

§. 36. **Aufgabe.** Ein abgekürzter normaler Kegel den Halbmessern r, ϱ und der Höhe h zugehörig, sei in drehender Bewegung um seine lothrechte Achse h, und seine kleinere Grundebene $\varrho^2 \pi$ drehe sich, die Reibung überwindend, auf einer horizontalen Ebene. Wie viele Secunden t dauert die Bewegung, wenn bei Beginn derselben die Peripherie $2 r \pi$ die Geschwindigkeit c besitzt, und wie viel Umdrehungen erfolgen?

Auflösung. Bezeichnet p die Gewichtseinheit der Materie des Kegels, μ den Reibungs-Coefficienten, g die Beschleunigung der Schwere, so ist die Ueberwucht P, welche die verzögerte Bewegung verursacht, reducirt in die Peripherie $2 r \pi$ = der in $2 r \pi$ reducirten Reibung

$$= \mu . \frac{\pi h (r^2 + \varrho^2 + r\varrho) p}{3} . \frac{\frac{2}{3} r}{r} \text{ (M. II. B. §. 84.)}$$

$$= \frac{2 \mu \pi h \varrho p}{9 r} . \frac{r^3 - \varrho^3}{r - \varrho},$$ und die eben dahin reducirte Masse

$$Q = \frac{\pi h p}{10 (r - \varrho)} . \frac{r^5 - \varrho^5}{r^2},$$

also nach der Formel $c = 2 g \frac{P}{Q} . t$ (M. III. B. §. 66.), hier

$$c = 2 g \frac{20 . \mu \varrho r (r^3 - \varrho^3)}{9 (r^5 - \varrho^5)} . t,$$ folglich

$$t = \frac{9 c (r^5 - \varrho^5)}{40 \mu g \varrho r (r^3 - \varrho^3)}.$$

Bezeichnet ferner n die Anzahl Umdrehungen, welche bis zum Stillstand erfolgen, so ist, nach der Formel $h = g \frac{P}{Q} t^2$, oder nach der $c^2 = 4 g \frac{P}{Q} h$, wenn $n . 2 r \pi$ für h geschrieben wird:

$$n = \frac{9 c^2 (r^5 - \varrho^5)}{160 \mu g \varrho \pi r^2 (r^3 - \varrho^3)}.$$

§. 37. Aufgabe. Bei einer Mühle drehe sich der Läufer in jeder Minute nmal um seine Achse. In irgend einem Augenblick denke man sich den Bodenstein und den

Trilling vom Mühleisen weggenommen, so daß der Läufer ohne weitere Verbindung mit den übrigen Theilen der Mühle, blos mit seinem Mühleisen in der Pfanne des Steges stehend, sich mit der angegebenen anfänglichen Geschwindigkeit drehe. Insofern nun die in der Pfanne stattfindende Reibung diese Bewegung allmählig vernichtet, so soll bestimmt werden, wie viele Umdrehung x noch bis zum Aufhören dieser drehenden Bewegung erfolgen.

Auflösung. Der Halbmesser des Läufers sei $= r$, seine Höhe $= h$, seine Gewichts-Einheit $= p$, die Länge des Mühleisens $= a$, der Halbmesser des Querschnitts desselben $= b$, der Halbmesser der untern Grundebene des Mühleisens $= \varrho$, die Gewichts-Einheit desselben $= w$, der Reibungs-Coefficient $= \mu$.

Es findet hier die Formel

$$c^2 = 4g\frac{P}{Q}h \quad \text{(M. III. B. §. 66.)}$$

Anwendung, und es ist, wenn Alles in den Mantel des Läufers reducirt wird,

$$c = \frac{n.2r\pi}{60};$$

$$P = \mu[r^2\pi hp + b^2\pi aw].\frac{\frac{2}{3}\varrho}{r};$$

$$Q = \frac{r^2\pi hp}{2} + \frac{b^2\pi aw}{2}.\frac{b^2}{r^2};$$

$h = x.2r\pi$, und substituirt man diese Werthe und entwickelt x, so erhält man:

$$x = \frac{n^2\pi}{9600g.\mu.\varrho}.\frac{r^4hp + b^4.aw}{r^2hp + b^2.aw}.$$

Beispiel. Ist $r = 2$ Fuß, $h = 1\frac{3}{4}$ Fuß, $p = 160$ Pfund, $a = 3$ Fuß, $b = 1\frac{1}{2}$ Zoll, $\varrho = \frac{3}{8}$ Zoll, $w = 480$, $\mu = \frac{1}{5}$, so erhält man $x = 425{,}77$.

§. 38. **Aufgabe.** In einer Curve, die in einer verticalen Ebene liegt, fällt ein schwerer Körper herab, es soll, mit Rücksicht auf die Reibung, die Geschwindigkeit desselben für jede Stelle bestimmt werden.

Auflösung. Ist AE (Fig. 20.) die Abscissenlinie, $AB = x$ eine beliebige Abscisse, $BC = y = \varphi x$ die zugehörige normale Ordinate, und hat der Körper in C nach Durchlaufung des Bogens $DC = v$ die Geschwindigkeit c erlangt, so ist in C, wenn β den Winkel den die Tangente in C mit y bildet, und Q das Gewicht des Körpers bezeichnet, das Bestreben nach der Richtung der Tangente $= Q \operatorname{Sin} \beta$, und der Reibungswiderstand $= \mu Q \operatorname{Cos} \beta$, unter μ den Reibungs-Coefficienten verstanden, also die bewegende Kraft $= Q(\operatorname{Sin}\beta - \mu \operatorname{Cos}\beta)$, folglich die beschleunigende $= \frac{Q(\operatorname{Sin}\beta - \mu \operatorname{Cos}\beta)}{Q} = \operatorname{Sin}\beta - \mu \operatorname{Cos}\beta$, und daher:

$$c^2 = 4g\int(\operatorname{Sin}\beta - \mu\operatorname{Cos}\beta) . \partial v.$$

Es ist aber

$$\partial x = \partial(DC) = \partial(AD - AC) = -\partial AC$$
$$= -\sqrt{(\partial x)^2 + (\partial y)^2},$$

ferner

$$\operatorname{Cotg}\beta = \frac{\partial y}{\partial x},$$

und daher

$$\operatorname{Sin}\beta = \frac{\partial x}{\sqrt{(\partial x)^2 + (\partial y)^2}}; \quad \operatorname{Cos}\beta = \frac{\partial y}{\sqrt{(\partial x)^2 + (\partial y)^2}};$$

folglich

$$c^2 = -4g\int(\partial x - \mu\partial y) = -4g(x - \mu y) + C.$$

Ist nun $AE = a$, die normale Ordinate $ED = b$ und D der Anfangspunct der Bewegung, so ist $c = 0$ für $x = a$ und $y = b$, also

$$0 = -4g(a - \mu b) + C,$$

folglich

$$C = 4g(a - \mu b),$$

und demnach vollständig:

$$c^2 = 4g[a - x - \mu(b - y)],$$

und für den Punct A,

$$c^2 = 4g(a - \mu b).$$

§. 39. **Aufgabe.** Die Centrifugalkraft einer geraden Linie von der Länge l, über welcher eine Masse gleichförmig vertheilt ist, in Beziehung auf eine gegebene Achse, um welche diese Linie drehend bewegt wird, zu bestimmen.

Auflösung. Die Normalen aus den Endpuncten von l auf eine durch die Drehachse gelegte Ebene sind = a, b, die Normalen aus den Durchschnittspuncten von a und b mit dieser Ebene, auf die Drehachse = A, B, die Längen-Einheit sei zugleich die Einheit der Masse. In (Fig. 21.) sei CD die Drehachse, das bei G und H rechtwinklichte Trapez GHEF die durch dieselbe gelegte Ebene, und wenn das bei E und F rechtwinklichte Trapez EFKI um EF gedreht wird, bis die Ebene EFKI normal auf der GEFH steht, IK die Linie l, also IE = a, KF = b, EG = A, FH = B. Setzt man nun die veränderliche Länge KN = x, die Centrifugalkraft von x in Beziehung auf CD = φx, fällt NM normal auf FE; MQ normal auf CD, und bezeichnet die Entfernung von N bis Q durch Fx, die Geschwindigkeit des Punctes N durch fx, so ist nach der Formel $\frac{c^2 . Q}{2gr}$ für die Centrifugalkraft (M. III. B. §. 146.), worinnen Q die Masse eines Punctes, c seine Geschwindigkeit, r die Entfernung desselben von der Drehachse und g die Beschleunigung der Schwere bezeichnet, für die Linie NR $= x + k - x = k$, die Centrifugalkraft $\varphi(x+k) - \varphi x$ größer wie $\frac{(fx)^2 . k}{2g . Fx}$ und kleiner wie $\frac{[f(x+k)]^2 . k}{2g . F(x+k)}$, so daß also ein zwischen Null und k liegender Werth k′ existiren muß, für welchen

$$\varphi(x+k) - \varphi x = \frac{[f(x+k')]^2 . k}{2g . F(x+k')} \text{ sein muß.}$$

Aus dieser Gleichung folgt:

$$\varphi' x = \frac{(fx)^2}{2g . Fx}, \text{ also}$$

$$\varphi x = \frac{1}{2g} \int \frac{(fx)^2}{Fx} \partial x.$$

Hat nun die Linie l eine solche Geschwindigkeit, daß sie in der Secunde sich nmal um CD dreht, so ist

$$fx = n . 2\pi . Fx, \text{ also}$$

$$\varphi x = \frac{2n^2\pi^2}{g} \int Fx . \partial x.$$

Es ist aber, wenn α den Winkel bezeichnet, welchen IK mit EF, und β den, welchen EF mit CD bildet, so daß $l \operatorname{Cos}\alpha \operatorname{Sin}\beta = A - B$ und $l \operatorname{Sin}\alpha = a - b$ ist, NM $= b + x \operatorname{Sin}\alpha$, MQ $= B + x \operatorname{Cos}\alpha \operatorname{Sin}\beta$, folglich

$$\begin{aligned}(Fx)^2 &= [b + x \operatorname{Sin}\alpha]^2 + [B + x \operatorname{Cos}\alpha \operatorname{Sin}\beta]^2 \\ &= B^2 + b^2 + 2[b \operatorname{Sin}\alpha + B \operatorname{Cos}\alpha \operatorname{Sin}\beta]\, x \\ &\qquad + [\operatorname{Sin}\alpha^2 + \operatorname{Cos}\alpha^2 \operatorname{Sin}\beta^2]\, x^2 \\ &= B^2 + b^2 + 2 . \frac{b(a-b) + B(A-B)}{l}\, x \\ &\qquad + \frac{(a-b)^2 + (A-B)^2}{l^2} . x^2,\end{aligned}$$

oder, $B^2 + b^2$ durch c, $2\frac{b(a-b) + B(A-B)}{l}$ durch h, und $\frac{(a-b)^2 + (A-B)^2}{l^2}$ durch t ausgedrückt,

$$Fx = \sqrt{c + hx + tx^2}, \text{ alſo}$$

$$\varphi x = \frac{2n^2\pi^2}{g} \int \sqrt{c + hx + tx^2} . \partial x$$

$$= \frac{2n^2\pi^2}{g} . \left[\frac{(h + 2tx)\sqrt{c + hx + tx^2}}{4t} + \frac{4ct - h^2}{8t} \int \frac{\partial x}{\sqrt{c + hx + tx^2}}\right]$$

$$= \frac{2n^2\pi^2}{g} . \left[\frac{(h + 2tx)\sqrt{c + hx + tx^2}}{4t} + \frac{4ct - h^2}{8t\sqrt{t}} \ln\left[h + 2tx + 2\sqrt{t} . \sqrt{c + hx + tx^2}\right]\right] + C$$

(§. 90. und §. 88. A.)

$$= \frac{n^2\pi^2}{2gt}\left[(h + 2tx)\sqrt{c + hx + tx^2} - h\sqrt{c} + \frac{4ct - h^2}{2\sqrt{t}} \ln \frac{h + 2tx + 2\sqrt{t}\sqrt{c + hx + tx^2}}{h + 2\sqrt{ct}}\right].$$

Subſtituirt man die Werthe für c, h, t und reducirt, ſo erhält man:

$$\varphi l = \frac{n^2\pi^2 l}{g[(A-B)^2 + (a-b)^2]}\Big[[A(A-B) + a(a-b)]\sqrt{A^2 + a^2} - [B(A-B) + b(a-b)]\sqrt{B^2 + b^2}$$
$$+ \frac{(Ab - aB)^2}{\sqrt{(A-B)^2 + (a-b)^2}} \ln \frac{A(A-B) + a(a-b) + \sqrt{A^2 + a^2} . \sqrt{(A-B)^2 + (a-b)^2}}{B(A-B) + b(a-b) + \sqrt{B^2 + b^2} . \sqrt{(A-B)^2 + (a-b)^2}}\Big].$$

§. 40. Zuſatz.

1. Iſt $A = B$ und $a = b$, alſo $l \mp CD$, ſo wird $h = 0$ und $t = 0$, und

$$\varphi x = \frac{2n^2\pi^2}{g} . \int \sqrt{c + hx + tx^2} . \partial x \text{ wird zu}$$

$$\varphi x = \frac{2n^2\pi^2}{g} \sqrt{B^2 + b^2} . x.$$

2. Iſt $B = 0$ und $b = 0$, d. h. beginnt l in der Drehachſe, ſo wird $c = 0$, $h = 0$ und $t = \frac{a^2 + A^2}{l^2}$, alſo

$$\varphi x = \frac{2n^2\pi^2}{g} \cdot \frac{\sqrt{a^2 + A^2}}{l} \cdot \frac{x^2}{2}, \text{ und daher}$$

$$\varphi l = \frac{n^2\pi^2}{g} \sqrt{A^2 + a^2} \cdot l.$$

3. Für $a = 0$ und $b = 0$, wird

$$Fx = B + \frac{A - B}{l} x, \text{ also}$$

$$\varphi x = \frac{2n^2\pi^2}{g} \left[Bx + \frac{A - B}{2l} x^2 \right], \text{ folglich}$$

$$\varphi l = \frac{n^2\pi^2 l}{g} (A + B),$$

woraus hervorgehet, daß die Masse in der Mitte von FE, also im Schwerpunct der Linie FE, als vereint anzusehen ist, wenn diese Linie und die Drehachse in einer Ebene liegen.

§. 41. **Aufgabe.** Ueber die Ebene eines Dreiecks ABC (Fig. 22.) sei eine Masse gleichförmig vertheilt, und eine in derselben Ebene liegende Achse DE drehend bewegt. Man soll die Centrifugalkraft bestimmen.

Auflösung. Die Normale AF von A auf DE sei $= a$, die BG von B auf DE $= b$, $AB = c$, $\angle BAC = \alpha$, $\angle ABC = \beta$, die Höhe CH des Dreiecks $= h$, die Abscisse $HP = x$, die zugehörige normale Ordinate $LN = y = fx$, die Centrifugalkraft der Masse in der Ebene ABNL $= \varphi x$, die Geschwindigkeit in einem Augenblick so groß daß n Umdrehungen in einer Secunde erfolgen, der Winkel welchen AB und DE bilden $= \gamma$, so hat man die Normale aus L auf DE $= a + \frac{x \operatorname{Sin}(\alpha - \gamma)}{\operatorname{Sin} \alpha}$, die aus N auf DE $= b + \frac{x \operatorname{Sin}(\beta + \gamma)}{\operatorname{Sin} \beta}$, folglich nach §. 40. 3,

$\varphi(x + k) - \varphi x$ zwischen

$$\frac{n^2\pi^2 fx}{g}\left[a+b+\left(\frac{\operatorname{Sin}(\alpha-\gamma)}{\operatorname{Sin}\alpha}+\frac{\operatorname{Sin}(\beta+\gamma)}{\operatorname{Sin}\beta}\right)x\right] \text{ und}$$

$$\frac{n^2\pi^2 f(x+k)}{g}\left[a+b+\left(\frac{\operatorname{Sin}(\alpha-\gamma)}{\operatorname{Sin}\alpha}+\frac{\operatorname{Sin}(\beta+\gamma)}{\operatorname{Sin}\beta}\right)(x+k)\right]$$

fallend, so daß also ein Werth k' zwischen Null und k liegend existiren muß, für welchen

$$\varphi(x+k)-\varphi x =$$

$$\frac{n^2\pi^2}{g}f(x+k')\left[a+b+\left(\frac{\operatorname{Sin}(\alpha-\gamma)}{\operatorname{Sin}\alpha}+\frac{\operatorname{Sin}(\beta+\gamma)}{\operatorname{Sin}\beta}\right)(x+k')\right],$$

also $\frac{\operatorname{Sin}(\alpha-\gamma)}{\operatorname{Sin}\alpha}+\frac{\operatorname{Sin}(\beta+\gamma)}{\operatorname{Sin}\beta}$ durch m bezeichnet,

$$\varphi' x = \frac{n^2\pi^2}{g}.fx[a+b+mx] \text{ ist.}$$

Es ist aber $fx = \frac{c(h-x)}{h}$, also

$$\varphi x = \frac{n^2\pi^2}{g}\cdot\frac{c}{h}\int(h-x)(a+b+mx)$$

$$= \frac{n^2\pi^2 c}{gh}\cdot\left[h(a+b)x+(hm-a-b)\frac{x^2}{2}-m\frac{x^3}{3}\right],$$

und folglich

$$\varphi h = \frac{n^2\pi^2.ch}{g}\left[\frac{a+b}{2}+\frac{mh}{6}\right].$$

Soll der Mittelpunct der Masse, in Beziehung auf Fliehkraft, bestimmt werden, so ist, wenn z seine Entfernung von DE bezeichnet, nach der allgemeinen Formel $\frac{c^2Q}{2gr}$ für die Fliehkraft

$$\varphi h \text{ auch} = \frac{[n.2z\pi]^2.\frac{ch}{2}}{2g.z} = \frac{n^2\pi^2.chz}{g},$$

und aus der Gleichsetzung der Werthe für φh erhält man sogleich:

$$z = \frac{a+b}{2}+\frac{mh}{6}.$$

Es ist aber, wenn M der Schwerpunct des Dreiecks ABC ist, und RQ durch M parallel mit BA gezogen wird, die Normale von Q auf DE $= a + \frac{h \operatorname{Sin}(\alpha - \gamma)}{3 \operatorname{Sin} \alpha}$, und die von R auf DE $= b + \frac{h \operatorname{Sin}(\beta + \gamma)}{3 \operatorname{Sin} \beta}$; also die Normale t von M auf DE = dem arithmetischen Mittel der Normalen von Q und R auf DE, oder

$$t = \frac{a+b}{2} + \left[\frac{\operatorname{Sin}(\alpha - \gamma)}{\operatorname{Sin} \alpha} + \frac{\operatorname{Sin}(\beta + \gamma)}{\operatorname{Sin} \beta}\right] \frac{h}{6} = \frac{a+b}{2} + \frac{mh}{6},$$

und folglich $z = t$; d. h. der Schwerpunct des Dreiecks ist, in Beziehung auf Centrifugalkraft, auch der Mittelpunct der Masse, wenn das Dreieck und die Drehachse in einer Ebene liegen.

§. 42. Aufgabe. Ein prismatisches Gefäß, dessen horizontaler Querschnitt in Lichten = A Quadratfuß ist, hat in einer seiner verticalen Seitenwände, eine bis auf den Boden des Gefäßes reichende rechtwinklichte oben offene Oeffnung, von der horizontalen Breite b. Wenn nun dieses Gefäß gleichförmig mit Wasser angefüllt wird, welches theilweis durch die Oeffnung abfließt, und der Beharrungszustand erst dann eintritt, wenn der Wasserstand im Gefäß die Höhe h erreicht hat, so soll hiedurch bestimmt werden, wie viel der gleichförmige Zufluß in jeder Secunde beträgt, und wie viel Secunden von Anfang ab bis zum Eintritt des Beharrungszustandes verfließen.

Auflösung. 1. Nach eingetretenem Beharrungszustand ist die in jeder Secunde abfließende Wassermenge $M = \frac{2}{3} \alpha b h \sqrt{h}$ (M. III. B. §. 165.), und daher der gleichförmige Zufluß in jeder Secunde ebenfalls

$$= M = \tfrac{2}{3} \alpha b h \sqrt{h}.$$

2. Steigt das Wasser im Gefäß zur Höhe x in der Zeit $t = \varphi x$, so fließt in der Zeit $\varphi(x+k) - \varphi x$ die

Wassermenge $M.[\varphi(x+k)-\varphi x]$ ins Gefäß, und von dieser sammelt sich die Menge $A.k$ im Gefäß, so daß also der Abfluß in dieser Zeit $\varphi(x+k)-\varphi x$ gleich

$$M[\varphi(x+k)-\varphi x]-A.k \text{ ist.}$$

Diese abfließende Wassermenge wäre aber, wenn während den $\varphi(x+k)-\varphi x$ Secunden, in welchen sie abfließt, der Wasserstand immer $= x$ bliebe, gleich

$$\tfrac{2}{3}\alpha b x^{\frac{3}{2}}.[\varphi(x+k)-\varphi x],$$

und wenn er immer $= x+k$ bliebe, so wäre sie

$$= \tfrac{2}{3}\alpha b(x+k)^{\frac{3}{2}}.[\varphi(x+k)-\varphi x].$$

Da nun der Wasserstand anfänglich $= x$, und zu Ende der Zeit $\varphi(x+k)-\varphi x$, gleich $x+k$ ist, so ist die abfließende Wassermenge in dieser Zeit $\varphi(x+k)-\varphi x = t'$ größer wie $\frac{2}{3}\alpha b x^{\frac{3}{2}}.t'$, und kleiner wie $\frac{2}{3}\alpha b(x+k)^{\frac{3}{2}}.t'$, kann also, wenn k' eine zwischen Null und k fallende Länge bezeichnet, $= \frac{2}{3}\alpha b(x+k')^{\frac{3}{2}}.t'$ gesetzt werden, so daß die Gleichung

$$M[\varphi(x+k)-\varphi x]-Ak = \tfrac{2}{3}\alpha b(x+k')^{\frac{3}{2}}.[\varphi(x+k)-\varphi x]$$

statt findet. Dividirt man diese Gleichung mit k, und setzt dann k, also auch k' gleich Null, so entsteht aus ihr:

$$M\varphi' x - A = \tfrac{2}{3}\alpha b.x^{\frac{3}{2}}.\varphi' x,$$

und hieraus, wenn man den Werth für M setzt:

$$\varphi' x = \frac{\partial t}{\partial x} = \frac{A}{\frac{2}{3}\alpha b.h^{\frac{3}{2}} - \frac{2}{3}\alpha b x^{\frac{3}{2}}},$$

also y^2 für x und a^2 für h geschrieben,

$$\frac{\partial t}{\partial y} = \frac{3A}{\alpha b}.\frac{y}{a^3-y^3}, \text{ folglich}$$

$$t = \frac{3A}{\alpha b}\int \frac{y}{a^3 - y^3}\,\partial y$$

$$= \frac{A}{2\alpha a b}\left[\ln \frac{a^3 - y^3}{(a-y)^3} - 2\sqrt{3}\,\mathrm{Arc\,tg}\,\frac{a+2y}{a\sqrt{3}}\right] + C$$

(A. p. 119. Nr. XXXIII.).

Für $x = 0$, also auch $y = 0$. wird t ebenfalls $= 0$, also

$$0 = \frac{A}{2\alpha a b}\left[\ln 1 - 2\sqrt{3}\,\mathrm{Arc\,tg}\,\frac{1}{\sqrt{3}}\right] + C, \text{ folglich}$$

$$C = \frac{A}{2\alpha a b}\,.\,2\sqrt{3}\,.\,\mathrm{Arc\,tg}\,\frac{1}{\sqrt{3}},$$

und daher vollständig:

$$t = \frac{A}{2\alpha a b}\left[\ln \frac{a^3 - y^3}{(a-y)^3} + 2\sqrt{3}\left(\mathrm{Arc\,tg}\,\frac{1}{\sqrt{3}} - \mathrm{Arc\,tg}\,\frac{a+2y}{a\sqrt{3}}\right)\right]$$

$$= \frac{A}{2\alpha a b}\left[\ln \frac{a^3 - y^3}{(a-y)^3} - 2\sqrt{3}\,\mathrm{Arc\,tg}\,\frac{y\sqrt{3}}{2a + y}\right]$$

$$= \frac{A}{2\alpha b\sqrt{h}}\left[\ln \frac{h\sqrt{h} - x\sqrt{x}}{(\sqrt{h} - \sqrt{x})^3} - 2\sqrt{3}\,\mathrm{Arc\,tg}\,\frac{\sqrt{3x}}{2\sqrt{h} + \sqrt{x}}\right].$$

§. 43. Aufgabe. Ein Gefäß voll Wasser ist auf die Tiefe h prismatisch (Fig. 23.) vom Querschnitt $= A$, und hat im horizontalen Boden eine Oeffnung $= a$. In diesem Boden ist noch eine zweite Oeffnung, und unterhalb derselben ist das Gefäß vertieft, und hat in der Tiefe b unter dem Boden, also in der Tiefe $h + b = H$ unterm Wasserspiegel, noch eine zweite Ausflußöffnung vom Querschnitt e. Es soll die Zeit T bestimmt werden, in welcher sich, wenn kein Zufluß statt findet, der Wasserspiegel um die Tiefe h senkt.

Auflösung. Senkt sich in der Zeit $t = \varphi x$ der Wasserspiegel um die Tiefe x, so fließt in der Zeit $\varphi(x + k) - \varphi x$ die Wassermenge $A.k$ durch die beiden Oeffnungen a und e ab, durch die erste mit der mittleren Geschwindigkeit $\alpha\sqrt{h - x - k'}$, durch die zweite mit der

$\alpha\sqrt{H-x-k''}$, in welchen Ausdrücken α den Contractions-Coefficienten [also, wenn keine Contraction des Wassers statt fände, den Werth $2\sqrt{g}=2\sqrt{15\frac{5}{8}}$], k' und k'' aber Längen bezeichnen, die zwischen Null und k fallen. Man hat also die Gleichung:

$$A.k=[\alpha a\sqrt{h-x-k'}+\alpha e\sqrt{H-x-k''}]\times[\varphi(x+k)-\varphi x],$$

und hieraus:

$$t=\varphi x=\frac{A}{\alpha}\int\frac{\partial x}{a\sqrt{h-x}+e\sqrt{H-x}}.$$

Ist nun 1stens $a=e$, so wird

$$\begin{aligned}t=\varphi x&=\frac{A}{\alpha a}\int\frac{\partial x}{\sqrt{H-x}+\sqrt{h-x}}\\&=\frac{A}{\alpha ab}\int(\sqrt{H-x}-\sqrt{h-x})\,\partial x\\&=-\frac{2A}{3\alpha ab}\left((H-x)^{\frac{3}{2}}-(h-x)^{\frac{3}{2}}\right)+C\\&=\frac{2A}{3\alpha ab}\left(H^{\frac{3}{2}}-h^{\frac{3}{2}}-(H-x)^{\frac{3}{2}}+(h-x)^{\frac{3}{2}}\right),\end{aligned}$$

also

$$T=\frac{2A}{3\alpha ab}.\left(H^{\frac{3}{2}}-h^{\frac{3}{2}}-b^{\frac{3}{2}}\right).$$

Ist aber 2tens $a>e$, so wird

$$t=\frac{A}{\alpha}.\int\frac{[a\sqrt{h-x}-e\sqrt{H-x}]\,\partial x}{a^2h-e^2H-(a^2-e^2)x},$$

also $a^2h-e^2H-(a^2-e^2)x$ durch y bezeichnet,

$$t=\frac{A}{\alpha(a^2-e^2)^{\frac{3}{2}}}.\left[e\int\frac{\sqrt{a^2b+y}}{y}\partial y-a\int\frac{\sqrt{e^2b+y}}{y}\partial y\right].$$

Es ist aber (A. p. 117. Nr. XXXI.)

$$\int\frac{\sqrt{a^2b+y}}{y}\partial y$$

$$=2\sqrt{a^2b+y}-a\sqrt{b}\ln\frac{2a^2b+y+2a\sqrt{b}\sqrt{a^2b+y}}{y}$$ und

$$\int \frac{\sqrt{e^2 b + y}}{y} \partial y$$

$$= 2\sqrt{e^2 b + y} - e\sqrt{b} \ln \frac{2e^2 b + y + 2e\sqrt{b}\sqrt{e^2 b + y}}{y},$$

also

$$t = \frac{A}{\alpha (a^2 - e^2)^{\frac{3}{2}}} \cdot \Big[2e\sqrt{a^2 b + y} - 2a\sqrt{e^2 b + y}$$

$$+ ae\sqrt{b} \ln \frac{2e^2 b + y + 2e\sqrt{b}\sqrt{e^2 b + y}}{2a^2 b + y + 2a\sqrt{b}\sqrt{a^2 b + y}}\Big] + C,$$

oder $a^2 - e^2$ durch d^2 ausgedrückt, und den Werth für y wieder eingeführt,

$$t = \frac{2A}{\alpha d^2} \Big[e\sqrt{H - x} - a\sqrt{h - x}$$

$$+ \frac{ae\sqrt{b}}{d} \ln \frac{e\sqrt{b} + d\sqrt{h - x}}{a\sqrt{b} + d\sqrt{H - x}}\Big] + C.$$

Für $t = 0$ ist auch $x = 0$, und hieraus erhält man C, und dann vollständig:

$$t = \frac{2A}{\alpha d^2} \cdot \Big[a(\sqrt{h} - \sqrt{h - x}) - e(\sqrt{H} - \sqrt{H - x})$$

$$+ \frac{ae\sqrt{b}}{d} \ln \frac{e\sqrt{b} + d\sqrt{h - x}}{a\sqrt{b} + d\sqrt{H - x}} \cdot \frac{a\sqrt{b} + d\sqrt{H}}{e\sqrt{b} + d\sqrt{h}}\Big], \text{ also}$$

$$T = \frac{2A}{\alpha d^2} \Big[a\sqrt{h} - e(\sqrt{H} - \sqrt{b})$$

$$+ \frac{ae\sqrt{b}}{d} \ln \frac{e}{a + d} \cdot \frac{a\sqrt{b} + d\sqrt{H}}{e\sqrt{b} + d\sqrt{h}}\Big].$$

Ist endlich 3tens $a < e$, so folgt

$$t = -\frac{A}{\alpha} \int \frac{[a\sqrt{h - x} - e\sqrt{H - x}]\,\partial x}{e^2 H - a^2 h - (e^2 - a^2)x},$$

also $e^2 H - a^2 h - (e^2 - a^2)x = y$ und $e^2 - a^2 = d^2$ gesetzt,

$$t = \frac{A}{\alpha d^3} \Big[a \int \frac{\sqrt{y - e^2 b}}{y} \partial y - e \int \frac{\sqrt{y - a^2 b}}{y} \partial y\Big].$$

Es ist aber

$$\int\frac{\sqrt{y-r}}{y}\partial y=\int\frac{y-r}{y\sqrt{y-r}}\partial y=\int\frac{\partial y}{\sqrt{y-r}}-r\int\frac{\partial y}{y\sqrt{y-r}}$$

$$=2\sqrt{y-r}-r.\int\frac{\partial y}{y\sqrt{y-r}},$$

und $\sqrt{y-r}=u.\sqrt{r}$ gesetzt,

$$r\int\frac{\partial y}{y\sqrt{y-r}}=2\sqrt{r}.\int\frac{\partial u}{1+u^2}=2.\sqrt{r}\,\mathrm{Arc\,tg}\,u$$

$$=2\sqrt{r}.\,\mathrm{Arc\,tg}\sqrt{\frac{y-r}{r}},\ \text{also}$$

$$\int\frac{\sqrt{y-r}}{y}\partial y=2\sqrt{y-r}-2\sqrt{r}\,\mathrm{Arc\,tg}\sqrt{\frac{y-r}{r}},\ \text{daher}$$

$$t=\frac{A}{\alpha d^3}.\Big[2a\sqrt{y-e^2b}-2e.\sqrt{y-a^2b}$$

$$-2ae\sqrt{b}\,\mathrm{Arc\,tg}\sqrt{\frac{y-e^2b}{e^2b}}+2ae\sqrt{b}\,\mathrm{Arc\,tg}\sqrt{\frac{y-a^2b}{a^2b}}\Big]+C$$

$$=\frac{2A}{\alpha d^2}\Big[a\sqrt{h-x}-e.\sqrt{H-x}$$

$$+\frac{ae\sqrt{b}}{d}\Big(\mathrm{Arc\,tg}\frac{d}{a}\sqrt{\frac{H-x}{b}}-\mathrm{Arc\,tg}\frac{d}{e}\sqrt{\frac{h-x}{b}}\Big)\Big]+C.$$

Für $t=0$ ist auch $x=0$, also

$$C=\frac{2A}{\alpha d^2}\Big[-a\sqrt{h}+e\sqrt{H}$$

$$-\frac{ae\sqrt{b}}{d}\Big(\mathrm{Arc\,tg}\frac{d}{a}\sqrt{\frac{H}{b}}-\mathrm{Arc\,tg}\frac{d}{e}\sqrt{\frac{h}{b}}\Big)\Big].$$

Man hat demnach vollständig:

$$t=\frac{2A}{\alpha d^2}\Big[e(\sqrt{H}-\sqrt{H-x})-a(\sqrt{h}-\sqrt{h-x})$$

$$+\frac{ae\sqrt{b}}{d}\Big(\mathrm{Arc\,tg}\frac{d}{a}\sqrt{\frac{H-x}{b}}-\mathrm{Arc\,tg}\frac{d}{e}\sqrt{\frac{h-x}{b}}$$

$$-\mathrm{Arc\,tg}\frac{d}{a}\sqrt{\frac{H}{b}}+\mathrm{Arc\,tg}\frac{d}{e}\sqrt{\frac{h}{b}}\Big)\Big],$$

und hieraus für $x=h$,

$$T = \frac{2A}{\alpha d^2} \cdot \Big[e(\sqrt{H} - \sqrt{b}) - a\sqrt{h}$$

$$+ \frac{ae\sqrt{b}}{d}\Big(\text{Arctg}\frac{d}{a} - \text{Arctg}\frac{d}{a}\sqrt{\frac{H}{b}} + \text{Arctg}\frac{d}{e}\sqrt{\frac{h}{b}}\Big)\Big].$$

Beispiel.

Ist $h = 16$, $b = 9$, $a = e = \frac{5}{16}$, so erhält man

$$T = 8{,}06 \, . \, \frac{A}{\alpha}.$$

Ist $h = 16$, $b = 9$, $a = \frac{5}{16}$, $e = \frac{4}{16}$, so erhält man

$$T = 9{,}24 \, . \, \frac{A}{\alpha}.$$

Ist $h = 16$, $b = 9$, $a = \frac{4}{16}$, $e = \frac{5}{16}$, so erhält man

$$T = 8{,}71 \, . \, \frac{A}{\alpha}.$$

§. 44. **Aufgabe.** In einer verticalen Wand eines mit Wasser angefüllten Gefäßes, befindet sich eine Schützöffnung von b Fuß horizontaler Breite und a Fuß Höhe. Wenn nun das Wasser im Gefäß, h Fuß über der Unterkante b der Oeffnung in unveränderlicher Höhe erhalten, und das Schutzbrett in t Secunden allmählig gleichförmig zur Höhe a gezogen wird, so soll bestimmt werden, welche Wassermenge M in den t Secunden während des Eröffnens ausfließt.

Auflösung. In x Secunden ($x < t$) sei die Wassermenge $y = \varphi x$ ausgeflossen, und das Schutzbrett zur Höhe $z = fx$, ($z < a$) aufgezogen; wächst nun x um k, so fließt in der Zeit k die Menge $\varphi(x+k) - \varphi x$ aus einer Oeffnung von der Breite b, deren Höhe anfänglich $= fx$, am Ende der Zeit k aber $= f(x+k)$ ist. Wäre sie während dieser Zeit k immer $= fx$, so wäre die Wassermenge $\varphi(x+k) - \varphi x = k \, . \, \frac{2}{3}\alpha b \left[h^{\frac{3}{2}} - (h - fx)^{\frac{3}{2}}\right]$, und wäre sie immer $= f(x+k)$, so wäre

$$\varphi(x+k) - \varphi x = k \cdot \tfrac{2}{3}\alpha b \left[h^{\frac{3}{2}} - [h - f(x+k)]^{\frac{3}{2}}\right]$$

(M. III. B. §. 165.),

und man hat daher, unter k' eine zwischen 0 und k fallende Zeit verstanden, die Gleichung:

$$\varphi(x+k) - \varphi x = k \cdot \tfrac{2}{3}\alpha b \left[h^{\frac{3}{2}} - [h - f(x+k')]^{\frac{3}{2}}\right].$$

Aus dieser Gleichung folgt:

$$\frac{\partial y}{\partial x} = \varphi' x = \tfrac{2}{3}\alpha b \left[h^{\frac{3}{2}} - (h - z)^{\frac{3}{2}}\right],$$

also, weil $t : x = a : z$, folglich $z = \frac{a x}{t}$ ist,

$$\varphi x = y = \tfrac{2}{3}\alpha b \int \left[h^{\frac{3}{2}} - \left(h - \frac{a x}{t}\right)^{\frac{3}{2}}\right]$$

$$= \tfrac{2}{3}\alpha b \left[h^{\frac{3}{2}} \cdot x + \frac{t}{a} \cdot \tfrac{2}{5} \cdot \left(h - \frac{a x}{t}\right)^{\frac{5}{2}}\right] + C.$$

Für $x = 0$ ist auch $y = 0$, also

$$C = -\tfrac{2}{3}\alpha b \cdot \frac{t}{a} \cdot \tfrac{2}{5} \cdot h^{\frac{5}{2}},$$

daher vollständig:

$$y = \varphi x = \tfrac{2}{3}\alpha b \left[h^{\frac{3}{2}} \cdot x + \frac{2t}{5a}\left[\left(h - \frac{a x}{t}\right)^{\frac{5}{2}} - h^{\frac{5}{2}}\right]\right],$$

und hieraus

$$M = \varphi t = \tfrac{2}{3}\alpha b t \cdot \left[h^{\frac{3}{2}} - \frac{2}{5a}\left[h^{\frac{5}{2}} - (h-a)^{\frac{5}{2}}\right]\right].$$

Reicht die Oeffnung bis zum unveränderlichen Wasserspiegel, ist also $a = h$, so hat man:

$$M = \varphi t = \tfrac{2}{5}\alpha b t \cdot h^{\frac{3}{2}}$$

$= \frac{3}{5}$ derjenigen Menge, welche in derselben Zeit t ausfließen würde, wenn die Oeffnung von Anfang an die Größe bh gehabt und behalten hätte.

§. 45. **Aufgabe.** In ein prismatisches anfänglich leeres Gefäß vom horizontalen Querschnitt A fließt das

Wasser durch eine horizontale Oeffnung vom Quadrat-Inhalt a, über welcher der Wasserspiegel in unveränderlicher Höhe h erhalten wird; das prismatische Gefäß hat in seinem horizontalen Boden vom Inhalt A eine Oeffnung, deren Inhalt $= b$ ist; man soll die Zeit t bestimmen, nach Verlauf welcher das Wasser im prismatischen Gefäß zur Höhe x gestiegen sein wird (Fig. 24.).

Auflösung. Wird $t = \varphi x$ gesetzt, so fließt in der Zeit $t' = \varphi(x+k) - \varphi x$ in das Gefäß eine Wassermenge $< \alpha a \sqrt{h-x}.t'$ und $> \alpha a \sqrt{h-x-k}.t'$, so daß dieselbe also $= \alpha a \sqrt{h-x-k'}.t'$ zu setzen ist, wenn k' zwischen Null und k fallend gedacht wird, und α den Contractions-Coefficienten bezeichnet. In dieser Zeit fließt aber aus b ab eine Menge $> \alpha b \sqrt{x}.t'$ und $< \alpha b \sqrt{x+k}.t'$, welche eben so $= \alpha b \sqrt{x+k''}.t'$ zu setzen ist. Die sich im Gefäß während dieser Zeit aufsammelnde Menge ist aber $= Ak$, und folglich

$$\alpha a \sqrt{h-x-k'}.t' = \alpha b \sqrt{x+k''}.t' + Ak, \text{ oder}$$

$$\alpha[a\sqrt{h-x-k'} - b\sqrt{x+k''}].[\varphi(x+k) - \varphi x] = Ak.$$

Dividirt man diese Gleichung durch k, setzt dann Null für k, also auch für k' und k'', so entsteht:

$$\varphi' x = \frac{\partial t}{\partial x} = \frac{A}{\alpha(a\sqrt{h-x} - b\sqrt{x})},$$

und daher ist

$$t = \varphi x = \frac{A}{\alpha}\int \frac{\partial x}{a\sqrt{h-x} - b\sqrt{x}}$$

$$= \frac{A}{\alpha}\int \frac{(a\sqrt{h-x} + b\sqrt{x})\partial x}{a^2 h - (a^2+b^2)x},$$

oder $a^2 h - (a^2+b^2)x = y$ gesetzt,

$$t = -\frac{A}{\alpha(a^2+b^2)^{\frac{3}{2}}}\left[a\int\frac{\sqrt{b^2h+y}}{y}\partial y + b\int\frac{\sqrt{a^2h-y}}{y}.\partial y\right].$$

Es ist aber (A. p. 117. XXXI.)

$$\int\frac{\sqrt{b^2h+y}}{y}.\partial y = \sqrt{b^2h+y}$$

$$-b\sqrt{h}.\ln\frac{2b^2h+y+2b\sqrt{h}.\sqrt{b^2h+y}}{y} + \sqrt{b^2h+y} \text{ und}$$

$$\int\frac{\sqrt{a^2h-y}}{y}.\partial y = \sqrt{a^2h-y}$$

$$-a\sqrt{h}.\ln\frac{2a^2h-y+2a\sqrt{h}.\sqrt{a^2h-y}}{y} + \sqrt{a^2h-y},$$

also wenn $a^2 + b^2$ durch c^2 ausgedrückt und der Werth für y wieder eingeführt wird,

$$t = -\frac{2A}{\alpha.c^3}\Big[ac\sqrt{h-x} + bc\sqrt{x}$$

$$-ab\sqrt{h}.\text{logn}\frac{(b\sqrt{h}+c\sqrt{h-x})(a\sqrt{h}+c\sqrt{x})}{a^2h-c^2x} + \text{Const.}$$

Für $x = 0$ ist auch $t = 0$, also

$$C = \frac{2A}{\alpha c^3}.\left[ac\sqrt{h} - ab\sqrt{h}.\text{logn}\frac{(b\sqrt{h}+c\sqrt{h})a\sqrt{h}}{a^2h}\right]$$

$$= \frac{2A}{\alpha c^3}\left[ac\sqrt{h} - ab\sqrt{h}.\text{logn}\frac{b+c}{a}\right];$$

daher vollständig:

$$t = \frac{2A}{\alpha c^3}.\Big[ac\sqrt{h} - ac\sqrt{h-x} - bc\sqrt{x}$$

$$+ ab\sqrt{h}\,\text{logn}\frac{a(b\sqrt{h}+c\sqrt{h-x})(a\sqrt{h}+c\sqrt{x})}{(b+c)(a^2h-c^2x)}\Big].$$

Ist $A = 1000$; $\alpha = 6\frac{3}{4}$; $a = 4$; $b = 3$; $h = 25$; $x = 9$ alles in Fußmaaß, so entsteht $t = 119$ Sec beinahe $= 2$ Minuten.

Der Beharrungszustand tritt ein, für $\alpha a\sqrt{h-x} = \alpha b\sqrt{x}$, also für $a^2h = c^2x$ und soll die Zeit berechnet werden, welche bis zum Eintritt desselben verfließt, so muß man in die gefundene Formel für x einen etwas weniges kleinern Werth als $\frac{a^2 h}{c^2}$ setzen, indem für $x = \frac{a^2 h}{c^2}$ sich ein unendlich großer Werth für t ergiebt, weil dieser Zustand dann bleibend ist. Setzt man etwa mit Beibehaltung der übrigen Maaße, $x = \frac{a^2 h}{c^2} - 0{,}1 = 15{,}9$, so ergiebt sich $t = 732$ Sec $= 12\frac{1}{5}$ Minute.

§. 46. Aufgabe. Ueber einem und demselben horizontalen Boden befinden sich 2 prismatische Gefäße, deren Grundebenen = A und B sind; in der verticalen Scheidewand zwischen beiden ist eine Oeffnung vom Inhalt a, und es steht anfänglich das Wasser im 2ten Gefäß vom Querschnitt B so hoch, daß sein Wasserspiegel bündig mit der Oberkante der Oeffnung a ist, im ersten Gefäß aber h Fuß höher (Fig. 25.). Wenn nun von jetzt ab ins erste Gefäß in jeder Secunde gleichförmig M Cubicfuß Wasser einfließen, so soll bestimmt werden, wie hoch das Wasser nach t Secunden in jedem Gefäß steht.

Auflösung. Im ersten Gefäß x, im 2ten y Fuß hoch über den ursprünglichen Wasserspiegel im 2ten. Es ist die in der Zeit t eingeflossene Menge = Mt, und diese hat sich vertheilt in die Räume $A(x-h)$ und By, so daß also

$$1. \quad Mt = A(x-h) + By \text{ ist.}$$

Setzt man $x = \varphi t$ und $y = ft$, und denkt sich nun t um k wachsend, so ist die Druckhöhe, durch welche das Wasser aus dem ersten Gefäß ins zweite getrieben wird, während der Zeit k, im Anfang derselben $= \varphi t - ft$, am Ende derselben aber $= \varphi(t+k) - f(t+k)$, folglich, unter α den Contractions-Coefficienten verstanden, die mittlere Geschwindigkeit, womit das Wasser während der Zeit k durch a fließt, zwischen $\alpha\sqrt{\varphi t - f t}$ und $\alpha\sqrt{\varphi(t+k) - f(t+k)}$ fallend, also $= \alpha\sqrt{\varphi(t+k') - f(t+k')}$ zu setzen, wenn $k' > 0$ und $< k$ gedacht wird. Die ins 2te Gefäß während der Zeit k fließende Wassermenge ist daher $= k.\alpha a\sqrt{\varphi(t+k') - f(t+k')}$, und sie sammelt sich in den Raum $B.[f(t+k) - f t]$, so daß also die Gleichung

$$2.\quad k\alpha a\sqrt{\varphi(t+k') - f(t+k')} = B.[f(t+k) - f t]$$

statt findet. Aus dieser Gleichung folgt sogleich:

$$3.\quad B.f't = \alpha a\sqrt{\varphi t - f t} \text{ oder } B\frac{\partial y}{\partial t} = \alpha a\sqrt{x - y},$$

und aus 1. erhält man:

$$4.\quad M = A.\frac{\partial x}{\partial t} + B.\frac{\partial y}{\partial t}.$$

Die Division beider Gleichungen liefert:

$$5.\quad \frac{A\partial x + B\partial y}{B\partial y} = \frac{M}{\alpha a\sqrt{x - y}},$$

und setzt man nun $\sqrt{x - y} = z$, so entspringt aus 5, wenn $\frac{MB}{\alpha a(A+B)}$ durch b bezeichnet wird,

$$6.\quad y, = \frac{2A}{A+B}\int\frac{z^2\partial x}{b - z},$$

also $b - z = w$ gesetzt,

$$7.\quad y = -\frac{2A}{A+B}.\int\frac{(b-w)^2.\partial w}{w}$$

$$= -\frac{2A}{A+B}.[b^2 \ln w - 2bw + \tfrac{1}{2}w^2] + C$$

$$= -\frac{2A}{A+B}.[b^2 \ln(b - \sqrt{x-y}) + b\sqrt{x-y} + \tfrac{1}{2}(x-y)] + C$$

Für $x = h$ ist $y = 0$, und man findet:

$$C = \frac{2A}{A+B}[b^2 \ln(b - \sqrt{h}) + b\sqrt{h} + \tfrac{1}{2}h],$$

also vollständig:

$$8. \quad y = \frac{A}{A+B} \cdot \left[2b^2 . \ln \frac{b-\sqrt{h}}{b-\sqrt{x-y}} \right.$$
$$\left. + 2b(\sqrt{h} - \sqrt{x-y}) + h - x + y \right], \text{ oder}$$

$$9. \quad \frac{B}{A} y = 2b^2 \ln \frac{b-\sqrt{h}}{b-\sqrt{x-y}} + 2b(\sqrt{h} - \sqrt{x-y})$$
$$+ h - x;$$

oder auch:

$$10. \quad A(x-h) + By$$
$$= 2bA\left[b \ln \frac{b-\sqrt{h}}{b-\sqrt{x-y}} + \sqrt{h} - \sqrt{x-y}\right],$$

und diese Gleichung verbunden mit der ersten,

$$A(x-h) + By = Mt,$$

geben die Auflösung.

§. 47. Zusatz. Für $h=0$, und $A=B$ hat man die beiden Gleichungen:

$$1. \quad x + y = 2b\left[b \ln \frac{b}{b-\sqrt{x-y}} - \sqrt{x-y}\right];$$

$$2. \quad x + y = \frac{Mt}{A}, \text{ in welchen } b = \frac{M}{2\alpha a} \text{ ist.}$$

Beispiel. Ist $a = \frac{1}{3}$, $\alpha = 6\frac{3}{4}$, $M = 10$, $A = 20$, $y = 6$, so hat man aus 1.:

$$81 . x + 360 . \sqrt{x-6} + 800 \ln(20 - 9\sqrt{x-6})$$
$$- 1910{,}5856 = 0,$$

und dieser Gleichung entspricht nahe $x = 10{,}2$ Fuß, und dann ist $t = 32{,}4$ Secunden.

§. 48. Aufgabe. Im horizontalen Boden eines prismatischen Gefäßes befindet sich eine mit einem Schie=

der verschlossene rechtwinklichte Oeffnung, von der Länge a und Breite b, welche in t Secunden nach der Richtung von a allmählig gleichförmig geöffnet wird. Das Gefäß hat den horizontalen Querschnitt A, und ist h Fuß hoch mit Wasser gefüllt. Wie tief senkt sich, wenn kein Zufluß statt findet, der Wasserspiegel in der Zeit x ($x < t$) vom Augenblick an gerechnet wird, in welchem das Aufziehen des Schiebers beginnt (Fig. 26.).

Auflösung. Am Ende der Zeit x sei der Schieber z Fuß zurückgezogen, und der Wasserspiegel habe sich um y Fuß gesenkt, so ist $z = \frac{ax}{t}$, und bezeichnet nun k einen Zuwachs von x, wird $z = \varphi x$ und $y = fx$ gesetzt, so fließt in der Zeit k das Wasser aus einer Oeffnung, deren Größe anfänglich $= b\varphi x$, am Ende $= b\varphi(x+k)$ ist, bei einer Druckhöhe die anfänglich $= h - fx$, am Ende $= h - f(x+k)$ ist, so daß also die in der Zeit k abfließende Wassermenge, unter α den Contractions-Coefficienten verstanden,

$$= k.\alpha.b\varphi(x+k').\sqrt{h - f(x+k')}$$

zu setzen ist. Die Senkung des Wasserspiegels in dieser Zeit k ist aber $= f(x+k) - fx$, und also

$$A[f(x+k) - fx] = k.\alpha.b\varphi(x+k')\sqrt{h - f(x+k')},$$

aus welcher Gleichung

$$\frac{\partial y}{\partial x} = \frac{\alpha b}{A} z.\sqrt{h-y} = \frac{\alpha b}{A}.\frac{ax}{t}.\sqrt{h-y}, \text{ oder}$$

$$\frac{\partial y}{\sqrt{h-y}} = \frac{\alpha b a}{At}.x\partial x \text{ folgt.}$$

Die Integration giebt:

$$-2\sqrt{h-y} = \frac{\alpha ab}{At}.\frac{x^2}{2} + C.$$

Für $x = 0$ ist auch $y = 0$, also $C = -2\sqrt{h}$, und daher

$$\sqrt{h} - \sqrt{h-y} = \frac{\alpha a b}{4 A t} \cdot x^2.$$

Für $x = t$ erhält man die ganze Senkung e, bis zum Augenblick wo der Schieber ganz zurückgezogen ist, aus $\sqrt{h} - \sqrt{h-e} = \frac{\alpha a b}{4 A} \cdot t$, nemlich

$$e = h - \left(\sqrt{h} - \frac{\alpha a b t}{4 A}\right)^2,$$

und die bis zu diesem Zeitpunct abgeflossene Wassermenge

$$= A e = A \cdot \left[h - \left(\sqrt{h} - \frac{\alpha a b t}{4 A}\right)^2\right].$$

§. 49. **Zusatz 1.** Ist die Oeffnung, welche allmählig aufgezogen wird, ein Kreis zum Halbmesser r, und Fz der Inhalt des Kreisabschnitts zur Höhe z, so hat man ganz wie im vor. §.

$$\frac{\partial y}{\sqrt{h-y}} = \frac{\alpha}{A} \cdot F z \cdot \partial x,$$

und wenn β der Bogenwinkel ist, zu welchen $r \operatorname{Cos} \beta = r - z$, so ist $z = \frac{2 r}{t} \cdot x$, also $x = \frac{t}{2 r}(r - r \operatorname{Cos} \beta)$ und $F z = r^2 (\beta - \operatorname{Sin} \beta \operatorname{Cos} \beta)$, daher

$$\int \frac{\partial y}{\sqrt{h-y}} = \frac{\alpha t r^2}{2 A} \int (\beta - \operatorname{Sin} \beta \operatorname{Cos} \beta) \operatorname{Sin} \beta \cdot \partial \beta, \text{ oder}$$

$$2\sqrt{h-y} = \frac{\alpha t r^2}{2 A} (\beta \operatorname{Cos} \beta - \operatorname{Sin} \beta + \tfrac{1}{3} \operatorname{Sin} \beta^3) + C.$$

Es ergiebt sich aber $C = 2\sqrt{h}$, und also

$$\sqrt{h} - \sqrt{h-y} = \frac{\alpha t r^2}{4 A} (\operatorname{Sin} \beta - \beta \operatorname{Cos} \beta - \tfrac{1}{3} \operatorname{Sin} \beta^3).$$

Für $x = t$ ist $\beta = \pi$ und $y =$ der ganzen Senkung e, bis zum Augenblick wo der Schieber ganz zurückgezogen ist, und man erhält:

$$e = h - \left(\sqrt{h} - \frac{\alpha t r^2 \pi}{4 A}\right)^2.$$

§. 50. Zusatz 2. Wird das Wasser im Gefäß in unveränderliche Höhe h erhalten, und bezeichnet $y = \varphi x$ die in der Zeit x aus der rechtwinklichten immer größer werdenden Oeffnung ausfließende Wassermenge, so erhält man leicht:

$$\frac{\partial y}{\partial x} = \alpha . b . \frac{a x}{t} . \sqrt{h};$$

folglich

$$\varphi x = y = \frac{\alpha a b \sqrt{h}}{t} . \frac{x^2}{2},$$

und die gesammte in der Zeit t ausfließende Wassermenge

$\varphi t = \frac{t}{2} . \alpha a b \sqrt{h} =$ der Hälfte derjenigen Menge, welche in derselben Zeit t aus der ganzen Oeffnung a b ausgeflossen wäre.

§. 51. Aufgabe. Ein Körper bewegt sich in einem ruhenden widerstehenden Mittel (etwa in der Luft oder im Wasser). Seine Geschwindigkeit ist in irgend einem Augenblick = c; es soll bestimmt werden, welche Geschwindigkeit v derselbe nach t Secunden noch hat, und welchen Weg h er in dieser Zeit t durchläuft.

Auflösung. Bezeichnet p das Gewicht eines Cubicfußes des Mittels, a den Inhalt des größten Querschnitts des bewegten Körpers normal auf die Richtung seiner Bahn, so ist der Widerstand gegen die Ebene a, im Augenblick wo die Geschwindigkeit des Körpers c ist, = $\frac{c}{4g} a c . p$ (M. III. B. §. 237.); also der gegen die Fläche wozu a die Projection ist, also gegen die Fläche, welche das Mittel durchschneidet, gleich irgend einem constanten, durch die Form der Fläche bestimmten Factor multiplicirt mit $\frac{ap}{4g} \cdot c^2$, folglich diesen Factor durch n und den Widerstand selbst durch W ausgedrückt,

$$W = n \cdot \frac{ap}{4g} \cdot c^2 = b \cdot c^2,$$

wenn b die unveränderliche Zahl $n \cdot \frac{ap}{4g}$ bezeichnet. Versteht man nun unter Q das Gewicht des bewegten Körpers, nimmt aber an, daß dasselbe durch eine anderweitige Thätigkeit aufgehoben sei, betrachtet also den Körper als eine Masse ohne Gewicht, so ist die verzögernde Kraft des Widerstandes, im Augenblick wo die Geschwindigkeit des Körpers $= v$ ist, also nach t Secunden, $= \frac{bv^2}{Q}$, folglich

$$t = -\frac{1}{2g}\int\frac{\partial n}{\frac{bv^2}{Q}} \text{ (M. III. B. §. 105.)}$$

$$= -\frac{Q}{2bg}\int\frac{\partial v}{v^2} = \frac{Q}{2bg} \cdot \frac{1}{v} + C.$$

Für $t = 0$ ist $v = c$, also

$$C = -\frac{Q}{2bg} \cdot \frac{1}{c},$$

daher vollständig:

$$\text{(I)} \quad t = \frac{Q}{2bg} \cdot \left(\frac{1}{v} - \frac{1}{c}\right) = \frac{Q}{2bg} \cdot \frac{c-v}{cv},$$

und hieraus

$$\text{(II)} \quad v = \frac{cQ}{Q + 2bctg}.$$

Ferner ist:

$$h = -\frac{1}{2g} \cdot \int\frac{v\,\partial v}{\frac{bv^2}{Q}} \text{ (M. III. B. §. 105.)}$$

$$= -\frac{Q}{2bg} \cdot \int\frac{\partial v}{v} = -\frac{Q}{2bg} \cdot \ln v + C,$$

und, weil für $v = c$, $h = 0$ ist,

$$C = \frac{Q}{2bg} \cdot \ln c,$$

also vollständig:

$$(III) \quad h = \frac{Q}{2bg} \ln \frac{c}{v},$$

oder, den Werth für v aus der Formel (II) gesetzt,

$$(IV) \quad h = \frac{Q}{2bg} \cdot \ln \frac{Q + 2bctg}{Q}.$$

§. 52. Aufgabe. Ein schwerer Körper fällt lothrecht in einem widerstehenden Mittel. In irgend einem Punct seiner Bahn hat derselbe die Geschwindigkeit c, nach t Secunden sei seine Geschwindigkeit = v, der zurückgelegte Weg = h, man soll v und h mit t vergleichen.

Auflösung. Im Augenblick, in welchem die Geschwindigkeit = v ist, ist der Widerstand des Mittels gegen das Fallen = bv^2 (vor. §.), also wenn Q das Gewicht des Körpers in diesem Mittel ausdrückt, die Ueberwucht = $Q - bv^2$, und die beschleunigende Kraft = $\frac{Q - bv^2}{Q}$, folglich

$$t = + \frac{1}{2g} \int \frac{\partial v}{\frac{Q - bv^2}{Q}} \text{ (M. III. B. §. 83.)}$$

$$= \frac{Q}{2g} \int \frac{\partial v}{Q - bv^2}$$

$$= \frac{Q}{2g} \cdot \frac{1}{2\sqrt{bQ}} \ln \frac{-2bv - 2\sqrt{bQ}}{-2bv + 2\sqrt{bQ}} + C$$

(A. p. 108. XXIII.)

$$= \frac{\sqrt{Q}}{4g\sqrt{b}} \ln \frac{v\sqrt{b} + \sqrt{Q}}{v\sqrt{b} - \sqrt{Q}} + C.$$

Für v = c ist t = 0, also

$$C = - \frac{\sqrt{Q}}{4g\sqrt{b}} \ln \frac{c\sqrt{b} + \sqrt{Q}}{c\sqrt{b} - \sqrt{Q}},$$

also vollständig:

$$(I)\quad t = \frac{\sqrt{Q}}{4g\sqrt{b}} \ln \frac{(v\sqrt{b}+\sqrt{Q})(c\sqrt{b}-\sqrt{Q})}{(v\sqrt{b}-\sqrt{Q})(c\sqrt{b}+\sqrt{Q})},$$

und hieraus

$$(II)\quad v = \sqrt{\frac{Q}{b}} \cdot \frac{(c\sqrt{b}+\sqrt{Q})e^r + c\sqrt{b}-\sqrt{Q}}{(c\sqrt{b}+\sqrt{Q})e^r - c\sqrt{b}+\sqrt{Q}},$$

unter e die Basis des natürlichen Logarithmensystems, und unter r den Ausdruck $4gt\sqrt{\frac{b}{Q}}$ verstanden.

Ferner ist

$$h = \frac{1}{2g} \cdot \int \frac{v\partial v}{\frac{Q-bv^2}{Q}} \quad \text{(M. III. B. §. 83.)}$$

$$= \frac{Q}{4g} \int \frac{\partial (v^2)}{Q-bv^2}$$

$$= -\frac{Q}{4bg} \int \frac{\partial (Q-bv^2)}{Q-bv^2}$$

$$= -\frac{Q}{4bg} \ln (Q-bv^2) + C.$$

Da nun $v = c$ ist, für $h = 0$, so folgt:

$$C = \frac{Q}{4bg} \ln (Q-bc^2),$$

und also ist vollständig:

$$(III)\quad h = \frac{Q}{4bg} \ln \frac{Q-bc^2}{Q-bv^2},$$

oder, den Werth für v aus (II) substituirt

$$(IV)\quad h = \frac{Q}{2bg} \ln \left[\frac{c\sqrt{b}+\sqrt{Q}}{2\sqrt{Q}} e^{\frac{r}{2}} + \frac{\sqrt{Q}-c\sqrt{b}}{2\sqrt{Q}} . e^{-\frac{r}{2}}\right].$$

§. 53. Zusatz. Beginnt der Fall vom Ruhezustand ab, ist also $c = 0$, so hat man:

$$(I)\quad t = \frac{\sqrt{Q}}{4g\sqrt{b}} \ln \frac{\sqrt{Q}+v\sqrt{b}}{\sqrt{Q}-v\sqrt{b}}.$$

$$(II)\quad v = \frac{e^r-1}{e^r+1} . \sqrt{\frac{Q}{b}}.$$

$$\text{(III)}\quad h = \frac{Q}{4bg}\ln\frac{Q}{Q-bv^2}.$$

$$\text{(IV)}\quad h = \frac{Q}{2bg}\ln\left[\frac{e^{\frac{r}{2}}}{2}+\frac{e^{-\frac{r}{2}}}{2}\right].$$

Beispiel. Ein Cubicfuß von Eisen wird mit einer seiner Begränzungs=Ebenen ins Wasser gelegt; wie tief fällt er im Wasser in den ersten 2 Secunden, und welche Geschwindigkeit hat er am Ende dieser Zeit, vorausgesetzt, daß dieselbe begrenzende Ebene immer in horizontaler Lage, die tiefste bleibe.

Ist das specifische Gewicht des Eisens $= 7{,}2$, so wiegt der Körper in freier Luft $7{,}2.\gamma$; also im Wasser $= Q = 7{,}2.\gamma - \gamma = 6{,}2.\gamma = 6{,}2.66$ Pfunde; ferner ist $b = \frac{a\gamma}{4g} = \frac{1.66}{4.\frac{125}{8}} = \frac{2.66}{125}$, also

$$r = 4.\frac{125}{8}.2.\sqrt{\frac{2.66}{125.6{,}2.66}} = 6{,}35,$$

und folglich die erlangte Geschwindigkeit,

$$v = \frac{e^{6,35}-1}{e^{6,35}+1}.\sqrt{\frac{125.6{,}2}{2}} = 19{,}616$$

und der zurückgelegte Weg

$$h = \frac{6{,}2.66}{4.\frac{2.66}{125}.\frac{125}{8}}.\ln\frac{6{,}2.66}{6{,}2.66-\frac{2.66}{125}.19{,}616^2} = 30{,}764 \text{ Fuß}.$$

§. 54. Aufgabe. Eine Kugel vom Gewicht Q wird mit einer anfänglichen Geschwindigkeit c unter dem Winkel α gegen den Horizont AB (Fig. 27.) nach der Richtung AC, in freier ruhender Luft, in die Höhe geworfen; man soll ihre Bahn bestimmen.

Auflösung. Bezeichnet p das Gewicht eines Cubicfußes Luft (als unveränderlich betrachtet), so würde die

Kugel, wenn die Schwere nicht auf sie wirkte, in den ersten t Secunden einen Weg $AD = \frac{Q}{2bg} \ln \frac{Q + 2bctg}{Q}$ durchlaufen, unter b den Ausdruck $n . \frac{ap}{4g}$ verstanden, wenn a die größte Kreisebene der Kugel bezeichnet (§. 51. IV.).

Es treibt aber die Schwere in dieser Zeit t die Kugel um den lothrechten Weg

$$DF = \frac{Q}{2bg} \ln \frac{e^{\frac{r}{2}} + e^{-\frac{r}{2}}}{2}$$

herab, wenn r den Ausdruck $4gt\sqrt{\frac{b}{Q}}$ bezeichnet (§. 53.), und die Kugel befindet sich also im letzten Augenblick der Zeit t in F. Versteht man daher unter x die horizontale Abscisse AE, unter y die lothrechte Ordinate EF, so ist:

$$1. \quad x = AD \operatorname{Cos} \alpha = \frac{Q \operatorname{Cos} \alpha}{2bg} \ln \frac{Q + 2bctg}{Q};$$

$$2. \quad y = x \operatorname{tg} \alpha - DF$$

$$= x \operatorname{tg} \alpha - \frac{Q}{2bg} \ln \frac{e^{\frac{r}{2}} + e^{-\frac{r}{2}}}{2}$$

$$= x \operatorname{tg} \alpha - \frac{Q}{2bg} \ln \frac{1 + e^{r}}{2 . e^{\frac{r}{2}}}$$

$$= x \operatorname{tg} \alpha + \frac{Q \ln 2}{2bg} + \frac{Q}{4bg} . r - \frac{Q}{2bg} \ln (1 + e^{r})$$

$$= x \operatorname{tg} \alpha + \frac{Q \ln 2}{2bg} + t\sqrt{\frac{Q}{b}} - \frac{Q}{2bg} \ln \left(1 + e^{4gt\sqrt{\frac{b}{Q}}}\right).$$

Aus 1. folgt:

$$t = \frac{Q}{2bcg} \left(e^{\frac{2bgx}{Q \operatorname{Cos} \alpha}} - 1\right),$$

und setzt man diesen Werth in 2., so ergiebt sich die verlangte Gleichung für die Flugbahn AF, nemlich:

$$y = x \operatorname{tg} \alpha + \frac{Q \ln 2}{2bg} + \frac{Q \sqrt{Q}}{2cgb\sqrt{b}} \left(e^{\frac{2bgx}{Q \operatorname{Cos} \alpha}} - 1 \right)$$

$$- \frac{Q}{2bg} \ln \left[1 + e^{\frac{2}{c} \sqrt{\frac{Q}{b}} \left(e^{\frac{2bgx}{Q \operatorname{Cos} \alpha}} - 1 \right)} \right],$$

oder auch, wenn $\frac{2\sqrt{Q}}{2\sqrt{b}}$ durch a ausgedrückt wird,

$$y = x \operatorname{tg} \alpha + \frac{Q}{2bg} \Big(\ln 2 + \frac{a}{2} + \frac{a}{2} \cdot e^{\frac{2bgx}{Q \operatorname{Cos} \alpha}}$$

$$- \ln \Big(e^a + e^{a e^{\frac{2bgx}{Q \operatorname{Cos} \alpha}}} \Big) \Big).$$

§. 55. **Aufgabe.** Bei einem unterschlächtigen Wasserrade, sei die in den Kraftpunct reducirte Totallast $= Q$, und die in denselben Punct reducirte Masse $= W$, die Geschwindigkeit womit das bewegende Wasser den Kraftpunct trifft sei $= c$, und die in jeder Secunde ankommende Wassermenge $= M$; es wird vorausgesetzt, daß der absolute Stoß des Wassers $\frac{c}{2g} M \gamma$ (M. III. B. §. 232.) größer wie Q ist, man soll bestimmen, nach wie viel Secunden t der Kraftpunct die Geschwindigkeit x erlangt hat, und welchen Weg y derselbe in dieser Zeit durchläuft.

Auflösung. Hat der Kraftpunct die Geschwindigkeit x erlangt, so ist in diesem Augenblick die Kraft $=$ $\frac{c-x}{2g} M \gamma$ (M. III. B. §. 235.), also die Ueberwucht $=$ $\frac{c-x}{2g} M \gamma - Q$, und folglich die beschleunigende Kraft

$$fx = \frac{\frac{c-x}{2g} M \gamma - Q}{W},$$ also (M. III. B. §. 83.)

$$t = \frac{1}{2g}\int\frac{\partial x}{fx} = \frac{W}{M\gamma}\int\frac{\partial x}{\frac{cM\gamma-2gQ}{M\gamma}-x}$$

$$= -\frac{W}{M\gamma}\text{logn}\left[\frac{cM\gamma-2gQ}{M\gamma}-x\right]+C.$$

Für $x = 0$ ist auch $t = 0$, also

$$C = \frac{W}{M\gamma}\text{logn}\frac{cM\gamma-2gQ}{M\gamma},$$

und daher vollständig:

$$t = \frac{W}{M\gamma}\text{logn}\frac{cM\gamma-2gQ}{cM\gamma-2gQ-M\gamma x}.$$

Ferner ist

$$y = \frac{1}{2g}\int\frac{x\partial x}{fx},$$

und hieraus leicht:

$$y = \frac{W}{M\gamma}\left[\frac{cM\gamma-2gQ}{M\gamma}\ln\frac{cM\gamma-2gQ}{cM\gamma-2gQ-M\gamma x}-x\right].$$

Ist die gesammte reducirte Totallast Q so bestimmt, daß der Beharrungszustand für $x=\frac{1}{2}c$ eintritt, d. h. ist $Q=\frac{c-\frac{1}{2}c}{2g}M\gamma$ oder $2gQ=\frac{1}{2}cM\gamma$, so geben die Formeln für t und y, wenn man $\frac{1}{2}c$ für x schreibt, unendlich große Werthe, indem der Zustand von diesem Augenblick an, bleibend ist, die Geschwindigkeit des Kraftpunctes nun unveränderlich $= \frac{1}{2}c$ bleibt, also die Zeit t, so wie auch der Weg y wirklich unendlich groß ist, welche verfließt und welcher durchlaufen wird, vom Beginn der Bewegung an, bis dahin, wo der Kraftpunct sich mit der Geschwindigkeit $\frac{c}{2}$ bewegt. Annähernd läßt sich die Zeit t und der Weg y finden, wenn man für x etwas weniger als $\frac{1}{2}c$, etwa $0{,}49.c$ schreibt; es ergiebt sich die Zeit bis zum Eintritt der Geschwindigkeit $0{,}49.c$

$$= \frac{W}{M\gamma} \log n\, 50,$$

und der in dieser Zeit durchlaufene Weg des Kraftpunctes

$$= \frac{W}{M\gamma} \cdot c \cdot [\ln 50 - 0{,}49],$$

und t und y sind nun sehr wenig größer wie diese Resultate.

§. 56. Aufgabe. Einem Fluß zur Seite ist ein b Fuß breiter Ueberfall, die Ueberlastschwelle ist horizontal und anfänglich bündig mit dem Wasserspiegel im Fluß. Von jetzt ab steigt der Wasserspiegel im Fluß in jeder Secunde um h Fuße, wie viele Secunden z verfließen bis zu dem Augenblick, in welchem durch das über den Ueberfall stürzende Wasser ein H Fuß tiefer Polter, dessen mittlerer horizontaler Querschnitt = A Quadratfuß beträgt, ganz mit Wasser gefüllt ist, und wie hoch y ist denn das Wasser im Fluß über der Ueberlaßschwelle?

Auflösung. Nach Verlauf von x Secunden ist die Wasserhöhe im Fluß über der Ueberlaßschwelle = hx, und bezeichnet φx die Wassermenge, welche in dieser Zeit in den Polter sich gesammelt hat, so ist:

$$\varphi(x+k) - \varphi x = k \cdot \tfrac{2}{3} \alpha b [h(x+k')]^{\frac{3}{2}},$$

unter k′ eine zwischen Null und k fallende Zeit verstanden. Aus dieser Gleichung folgt:

$$\varphi' x = \tfrac{2}{3} \alpha b h^{\frac{3}{2}} . x^{\frac{3}{2}}, \text{ und hieraus}$$

$$\varphi x = \tfrac{4}{15} \alpha b h^{\frac{3}{2}} . x^{\frac{5}{2}}.$$

Für x = z soll φx = AH werden, und man hat daher:

$$AH = \tfrac{4}{15} \alpha b h \sqrt{h} . z^{\frac{5}{2}}, \text{ folglich}$$

$$\text{(I)}\quad z = \left[\frac{15\,AH}{4\alpha b h \sqrt{h}}\right]^{\frac{2}{5}} \text{ und}$$

$$\text{(II)}\quad y = hz = \left[\frac{15\,AHh}{4\alpha b}\right]^{\frac{2}{5}}.$$

Beispiel. Es sei der mittlere Querschnitt des Polters = 5000 Morgen, also A = 5000.180.144, ferner H = 10, b = 750, das Wasser im Fluß steige in 24 Stunden um einen Fuß, so daß also $h = \frac{1}{24.60.60}$ ist. Nimmt man nun $\alpha = 7\frac{1}{2}$ an, so erhält man z nahe = 60 Stunden und $y = 2\frac{1}{2}$ Fuß.

§. 57. Aufgabe. In einem prismatischen Behälter vom horizontalen Querschnitt = A Quadratfuß, befindet sich h Fuß unterm anfänglichen Spiegel des Wassers in demselben, eine kreisförmige Oeffnung vom Durchmesser d und Querschnitt $B = \frac{1}{4}d^2\pi$, durch welche das Wasser in eine Röhrenleitung von demselben Querschnitt und der centrischen Länge l fließt, an deren Ende eine Ausflußöffnung, H Fuß unter dem ursprünglichen Wasserspiegel im Gefäß, angebracht ist, welche den Querschnitt a zum Durchmesser e hat. Es soll die Zeit T bestimmt werden, in welcher das Wasser im Behälter bis zur Tiefe h aus a fließt.

Auflösung. Senkt sich der Wasserspiegel im Behälter in der Zeit t zur Tiefe x, und setzt man $t = \varphi x$, so wird, wenn x und k wächst, die Zeit der Senkung zur zukommenden Tiefe k, gleich sein $t' = \varphi(x+k) - \varphi x$. In dieser Zeit t′ ist die aus dem Behälter abgeflossene Wassermenge = A.k, und also die mittlere Geschwindigkeit des in der Röhrenleitung fließenden Wassers $= \frac{Ak}{B.t'}$, folglich die Widerstandshöhe in derselben

$$= \frac{\left(\frac{A\,k}{B\,t'}\right)^2 . l}{2006\,d} \text{ (M. III. B. §. 192.),}$$

und also die mittlere Geschwindigkeitshöhe für das durch a abfließende Wasser $= H - x - k' - \frac{A^2\,l}{2006\,d\,B^2} . \left(\frac{k}{t'}\right)^2$,

daher die Wassermenge welche durch a in der Zeit t' abfließt:

$$= t' . \alpha\,a \sqrt{H - x - k' - \frac{A^2\,l}{2006\,d\,.\,B^2} . \left(\frac{k}{t'}\right)^2},$$

und folglich

$$A\,k = t' . \alpha\,a \sqrt{H - x - k' - \frac{A^2\,l}{2006\,d\,B^2} . \left(\frac{k}{t'}\right)^2}, \text{ oder}$$

$$A\,k = [\varphi(x + k) - \varphi x] \times$$
$$\alpha\,a \sqrt{H - x - k' - \frac{A^2\,l}{2006\,d\,B^2} . \left[\frac{k}{\varphi(x+k) - \varphi x}\right]^2}.$$

Dividirt man diese Gleichung durch k, setzt dann k, also auch k' gleich Null, und bezeichnet den Ausdruck

$$A . \sqrt{\frac{1}{\alpha^2\,a^2} + \frac{l}{2006\,d\,B^2}} \text{ durch } N,$$

so erhält man:

$$N = \varphi' x . \sqrt{H - x}, \text{ also}$$

$$\varphi x = t = \int \frac{N}{\sqrt{H - x}} = -2N\sqrt{H - x} + C.$$

Für $x = 0$ ist auch $t = 0$, und demnach

$$C = 2N\sqrt{H},$$

folglich vollständig

$$t = \varphi x = 2N(\sqrt{H} - \sqrt{H - x}),$$

und also

$$T = \varphi h = 2N(\sqrt{H} - \sqrt{H - h}).$$

§. 58. Aufgabe. Ein rechtwinklichtes ebenes Parallelogramm, von den Abmessungen a und b, dreht sich um eine der begränzenden Linien a in einem eingeschlossenen stillstehenden Mittel, von welchen jeder Cubicfuß das Gewicht γ hat, und macht jedesmal in t Secunden eine Umdrehung. Man soll das Moment des Widerstandes bestimmen.

Auflösung. Nimmt man von der Drehungsachse ab, auf b die Abscisse x, und setzt das Widerstands-Moment auf die Ebene ax gleich φx, so ist $\varphi(x+k)-\varphi x$ das Widerstands-Moment auf die Ebene ak. Es ist aber die Geschwindigkeit c dieser Ebene größer wie $\frac{2\pi x}{t}$ und kleiner wie $\frac{2\pi(x+k)}{t}$; also $=\frac{2\pi(x+k')}{t}$ zu setzen, wenn k' zwischen 0 und k fällt, folglich der Widerstand auf ak gleich $\frac{c^2}{2g}.ak.\gamma$ (M. III. B. §. 236.)

$=\frac{4\pi^2(x+k')^2}{2gt^2}.ak\gamma$, und sein Hebelsarm größer wie x und kleiner wie $x+k$, folglich $=x+k''$, wenn k'' zwischen 0 und k fallend gedacht wird, daher

$$\varphi(x+k)-\varphi x=\frac{2\pi^2(x+k')^2}{gt^2}.ak\gamma.(x+k''),$$

und hieraus

$$\varphi' x=\frac{2\pi^2.a\gamma}{gt^2}.x^3, \text{ also}$$

$$\varphi x=\frac{2\pi^2.a\gamma}{gt^2}.\frac{x^4}{4}, \text{ und daher}$$

$$\varphi b=\frac{\pi^2 a b^4\gamma}{2gt^2}.$$

§. 59. Aufgabe. Es sei ABC (Fig. 28.) ein rechter Winkel, AC = h, BC = b, AC eine Curve, bestimmt durch die Gleichung $y=\varphi x$ zwischen Abscissen AD = x und rechtwinklichten Ordinaten DE = y, die Ebene ABC drehe sich um AB in einem stillstehenden eingeschlossenen Mittel, von welchem jeder Cubicfuß das Gewicht γ hat, und mache immer in t Secunden eine Umdrehung. Man soll das Moment des Widerstandes bestimmen.

Auflösung. Ist das Widerstands-Moment gegen die Ebene ADE $= Fx$, so ergiebt sich aus der Auflösung der vorigen Aufgabe,

$$F(x+k) - Fx = \frac{\gamma \pi^2 . k . [\varphi(x+k')]^4}{2 g t^2},$$

und hieraus

$$F'x = \frac{\gamma \pi^2}{2 g t^2} . y^4, \text{ also}$$

$$Fx = \frac{\pi^2 \gamma}{2 g t^2} . \int y^4 . \partial x.$$

Beispiele.

1. Ist AC eine gerade Linie, also $y = \varphi x = \frac{b}{h} x$, so folgt:

$$Fh = \frac{\pi^2 \gamma b^4 h}{10 . g . t^2}.$$

2. Ist AC eine gewöhnliche Parabel zur Achse AB und den Scheitelpunct A, also $y^2 = \frac{b^2}{h} x$; so wird

$$Fh = \frac{\pi^2 \gamma b^4 h}{6 g t^2}.$$

3. Ist AC ein Kreisbogen, dessen Mittelpunct in der Richtung AB liegt, und bezeichnet r seinen Halbmesser, so ist $r = \frac{b^2 + h^2}{2h}$ und $y^2 = 2rx - x^2$, also

$$Fx = \frac{\pi^2 \gamma}{2 g t^2} . \int (2rx - x^2)^2 . \partial x$$

$$= \frac{\pi^2 \gamma x^3}{30 g t^2} . [20 r^2 - 15 r x + 3 x^2],$$

und daher

$$Fh = \frac{\pi^2 \gamma h^3}{30 g t^2} . [20 r^2 - 15 r h + 3 h^2].$$

Ist die Ebene ein Halbkreis, also $b = 0$ und $r = \frac{h}{2}$, so wird

$$Fh = \frac{\pi^2 . \gamma . h^5}{60 g t^2}.$$

§. 60. Aufgabe. In der verticalen Seitenwand eines mit Wasser angefüllten Gefäßes befindet sich eine bis zum unveränderlichen Wasserspiegel AD (Fig. 29.) reichende viereckigte Oeffnung ABCD von gegebenen Abmessungen; man soll die Wassermenge M bestimmen, welche in jeder Secunde aus dieser Oeffnung abfließt.

Auflösung. Man ziehe BE parallel AD, also horizontal, und theile dadurch die Oeffnung in das Trapez ABED und in das Dreieck BCE. Ist nun $AD = a$, $BE = b$, der normale Abstand beider Linien $FG = h$, ferner die Höhe CG des Dreiecks $BCE = c$, und bezeichnet m die Wassermenge, welche durch das Trapez ABED, und m′ die welche durch das Dreieck BCE in jeder Secunde bei unveränderlichem Wasserspiegel AD abfließt, so hat man:

1. $FN = x$ gesetzt, durch N die Horizontale LM gezogen, und die Wassermenge, welche in jeder Secunde durch $ALMD = fx$ fließt, durch φx ausgedrückt,

$$\varphi(x+k) - \varphi x = \alpha . [f(x+k) - fx] . \sqrt{x+k'}$$

(M. III. B. §. 161.), unter k′ eine zwischen 0 und k fallende Linie verstanden, also

$$\varphi' x = \alpha . f' x . \sqrt{x}.$$

Es ist aber

$$LM = f' x = a - \frac{a-b}{h} x, \text{ und folglich}$$

$$\varphi x = \alpha \int \left(a - \frac{a-b}{h} x\right) \sqrt{x} = \alpha \left(\tfrac{2}{3} a x^{\frac{3}{2}} - \frac{a-b}{h} . \tfrac{2}{5} x^{\frac{5}{2}}\right),$$

und hieraus

$$m = \varphi h = \tfrac{2}{15}\alpha(2a + 3b).h^{\frac{3}{2}}.$$

2. $FQ = x$ gesetzt, durch Q die Horizontale PR gezogen, und die Wassermenge, welche in jeder Secunde durch das Trapez $BPRE = fx$ fließt, durch φx ausgedrückt,

$$\varphi(x+k) - \varphi x = \alpha.[f(x+k) - fx].\sqrt{x+k}, \text{ also}$$

$$\varphi' x = \alpha.f'x.\sqrt{x},$$

Es ist aber

$$PR = f'x = \frac{b(c+h-x)}{c},$$

und folglich

$$\varphi x = \alpha.\frac{b}{c}.\int(c+h-x)\sqrt{x}$$

$$= \frac{\alpha b}{c}.\left[\tfrac{2}{3}(c+h)x^{\frac{3}{2}} - \tfrac{2}{5}x^{\frac{5}{2}}\right] + C.$$

Für $x = h$ ist $\varphi h = 0$, also

$$C = -\frac{\alpha b}{c}\left[\tfrac{2}{3}(c+h)h^{\frac{3}{2}} - \tfrac{2}{5}h^{\frac{5}{2}}\right],$$

daher vollständig

$$\varphi x = \frac{\alpha b}{c}\left[\tfrac{2}{3}(c+h)\left(x^{\frac{3}{2}} - h^{\frac{3}{2}}\right) - \tfrac{2}{5}\left(x^{\frac{5}{2}} - h^{\frac{5}{2}}\right)\right],$$

und hieraus

$$m' = \varphi(h+c)$$

$$= \frac{2\alpha b}{15c}\left[5(c+h)\left((h+c)^{\frac{3}{2}} - h^{\frac{3}{2}}\right) - 3\left((h+c)^{\frac{5}{2}} - h^{\frac{5}{2}}\right)\right]$$

$$= \frac{2\alpha b}{15c}\left[2(h+c)^{\frac{5}{2}} + 3h^{\frac{5}{2}} - 5(h+c).h^{\frac{3}{2}}\right].$$

Die verlangte Wassermenge M ist demnach

$$= \tfrac{2}{15}\alpha.\left[(2a+3b)h^{\frac{3}{2}} + \frac{b}{c}\left(2(h+c)^{\frac{5}{2}} + 3h^{\frac{5}{2}} - 5(h+c)h^{\frac{3}{2}}\right)\right].$$

Ist $a = b$ und $h + c = e$, so wird.

$$M = \frac{4}{15}\alpha a \frac{e^{\frac{5}{2}} - h^{\frac{5}{2}}}{e - h}, \text{ und ist } h = 0,$$

$$M = \frac{4}{15}\alpha a . e^{\frac{3}{2}}.$$

§. 61. **Aufgabe.** In der verticalen Seitenwand eines mit Wasser angefüllten prismatischen Gefäßes vom horizontalen Querschnitt A, befindet sich eine trapezförmige Oeffnung ABED (Fig. 29.), welche bis zum ursprünglichen Wasserspiegel AD reicht. Man soll die Zeit t bestimmen, in welcher sich, wenn kein Zufluß statt findet, das Wasser im Gefäß zur Tiefe FN = x leert.

Auflösung. Es sei AD = a, BE = b, der normale, also hier auch lothrechte Abstand beider Linien, nemlich FG = h, die horizontale Linie LM = y = f x, t = φx. Wächst nun x um k, und bezeichnet t′ die Zeit $\varphi(x + k) - \varphi x$, in welcher diese Senkung um die Tiefe k erfolgt, so fließt in dieser Zeit t′ die Wassermenge Ak im Anfang durch das Trapez ab, dessen parallele Seiten b und fx sind, dassen Höhe aber = h — x ist, am Ende dieser Zeit t′ aber durch das Trapez, dessen parallele Seiten b und f(x + k) sind, und dessen Höhe = h — x — k ist, so daß also nach dem vor. §.

$$Ak < t'.\frac{2}{15}\alpha[2.fx + 3b].(h - x)^{\frac{3}{2}} \text{ und}$$

$$Ak > t'.\frac{2}{15}\alpha[2f(x + k) + 3b].(h - x - k)^{\frac{3}{2}},$$

folglich, unter k′ eine zwischen 0 und k fallende Linie verstanden,

$$A.k = [\varphi(x+k) - \varphi x].\frac{2}{15}\alpha[2f(x+k') + 3b].(h - x - k')^{\frac{3}{2}}$$

ist. Aus dieser Gleichung folgt:

$$A = \varphi' x.\frac{2}{15}\alpha.[2fx + 3b](h - x)^{\frac{3}{2}},$$

also, weil

$$fx = a - \frac{a-b}{h} x \text{ ist,}$$

$$t = \varphi x = \frac{15 A}{2 \alpha} \cdot \int \frac{\partial x}{\left[2a + 3b - \frac{2(a-b)}{h} x\right] (h-x)^{\frac{3}{2}}}.$$

Setzt man $h - x = z^2$, so wird

$$t = -\frac{15 A}{\alpha} \int \frac{\partial z}{\left[5b + 2 \frac{a-b}{h} z^2\right] . z^2}$$

$$= \frac{3 A}{\alpha b} \left[\frac{2(a-b)}{h} \int \frac{\partial z}{5b + 2 \frac{a-b}{h} z^2} - \int \frac{\partial z}{z^2}\right].$$

Ist nun

1stens $a = b$, so wird

$$t = \frac{3 A}{\alpha a} \cdot \frac{1}{z} = \frac{3 A}{\alpha a} \cdot \frac{1}{\sqrt{h-x}} + C$$

$$= \frac{3 A}{\alpha a} \left[\frac{1}{\sqrt{h-x}} - \frac{1}{\sqrt{h}}\right].$$

Ist 2tens $a > b$, so wird (A. §. 72.)

$$t = \frac{3 A}{\alpha b} \left[\frac{2(a-b)}{h} \cdot \frac{\sqrt{h}}{\sqrt{10 b (a-b)}} \operatorname{Arc tg} \sqrt{\frac{2(a-b)(h-x)}{5bh}} + \frac{1}{\sqrt{h-x}}\right] + C$$

$$= \frac{3 A}{\alpha b} \left[2 \sqrt{\frac{a-b}{10bh}} \left(\operatorname{Arc tg} \sqrt{\frac{2(a-b)(h-x)}{5bh}} - \operatorname{Arc tg} \sqrt{\frac{2(a-b)}{5b}}\right) + \frac{1}{\sqrt{h-x}} - \frac{1}{\sqrt{h}}\right]$$

$$= \frac{3 A}{\alpha b} \left[\frac{1}{\sqrt{h-x}} - \frac{1}{\sqrt{h}} - 2 \sqrt{\frac{a-b}{10bh}} \operatorname{Arc tg} \frac{\sqrt{10 b (a-b)}.(\sqrt{h} - \sqrt{h-x})}{5b\sqrt{h} + 2(a-b)\sqrt{h-x}}\right].$$

Ist endlich 3tens $a < b$, so wird (A. §. 82.)

$$t = \frac{3 A}{\alpha b} \left[\frac{1}{\sqrt{h-x}} - \sqrt{\frac{b-a}{10bh}} \ln \frac{\sqrt{5bh} + \sqrt{2(b-a)(h-x)}}{\sqrt{5bh} - \sqrt{2(b-a)(h-x)}}\right] + C$$

$$= \frac{3A}{\alpha b}\Big[\frac{1}{\sqrt{h-x}} - \frac{1}{\sqrt{h}}$$

$$- \sqrt{\frac{b-a}{10bh}}\, \text{n}\, \frac{\sqrt{5bh}+\sqrt{2(b-a)(h-x)}}{\sqrt{2bh}-\sqrt{2(b-a)(h-x)}} \cdot \frac{\sqrt{5b}-\sqrt{2(b-a)}}{\sqrt{5b}+\sqrt{2(b-a)}}\Big].$$

Für b = 0 erhält man leicht unmittelbar

$$t = \frac{5Ah}{2\mu a}\Big[\frac{1}{(h-x)^{\frac{3}{2}}} - \frac{1}{h^{\frac{3}{2}}}\Big].$$

Für a = 0 aber am leichtesten aus der Formel, welche unter der Voraussetzung daß $b > a$ sei, hergeleitet wurde,

$$t = \frac{3A}{\alpha b}\Big[\frac{1}{\sqrt{h-x}} - \frac{1}{\sqrt{h}} - \frac{1}{\sqrt{10h}} \ln \frac{3(\sqrt{5h}+\sqrt{2h-2x})}{(7+2\sqrt{10})(\sqrt{5h}-\sqrt{2h-2x})}\Big].$$

§. 62. **Aufgabe.** In einem geneigten Gerinne sind zwei hintereinanderliegende unterschlächtige Wasserräder angebracht; auf das erste stürze das Wasser mit der Geschwindigkeit c, das Gefälle zwischen dem ersten und zweiten Rade sei = a. Mit welcher Geschwindigkeit muß sich jedes der beiden Räder bewegen, damit die Summe der Effecten beider ein Maximum wird.

Auflösung. Die Geschwindigkeit des Mittelpuncts der Schaufeln fürs erste Rad sei = x, fürs zweite = y. Weil nun die Geschwindigkeit, womit das Wasser das 2te Rad trifft, $= \sqrt{x^2+4ga}$ (M. III. B. §. 69.) ist, so hat man das mechanische Moment, oder den Total-Effect des ersten Rades $= x \cdot \frac{c-x}{2g} M\gamma$, und das des zweiten $= y \cdot \frac{\sqrt{x^2+4ga}-y}{2g} M\gamma$ (M. III. B. §. 241.), unter M die in jeder Secunde zufließende Wassermenge verstanden, folglich die Summe der Effecte

$$= \frac{M\gamma}{2g} \cdot [cx - x^2 + y\sqrt{x^2+4ga} - y^2],$$

und es sind also die Werthe für x und y der Bedingung gemäß zu bestimmen, daß

$$R = cx - x^2 - y^2 + y\sqrt{x^2 + 4ga}$$

ein Maximum wird.

Man erhält:

$$\frac{\partial R}{\partial x} = c - 2x + \frac{xy}{\sqrt{x^2 + 4ag}};$$

$$\frac{\partial R}{\partial y} = -2y + \sqrt{x^2 + 4ag};$$

$$\frac{\partial^2 R}{\partial x^2} = -2 + \frac{4agy}{(x^2 + 4ag)^{\frac{3}{2}}};$$

$$\frac{\partial^2 R}{\partial y^2} = -2 \text{ und}$$

$$\frac{\partial^2 R}{\partial x \partial y} = \frac{x}{\sqrt{x^2 + 4ag}}.$$

Aus $\frac{\partial R}{\partial x} = 0$ und $\frac{\partial R}{\partial y} = 0$ folgt aber leicht:

$$x = \tfrac{2}{3}c \text{ und } y = \tfrac{1}{2}\sqrt{x^2 + 4ag} = \tfrac{1}{3}\sqrt{c^2 + 9ag},$$

und für diese Werthe entspringt:

$$\frac{\partial^2 R}{\partial x^2} = -\tfrac{1}{2} \cdot \frac{4c^2 + 27ag}{c^2 + 9ag};$$

$$\frac{\partial^2 R}{\partial y^2} = -2 \text{ und}$$

$$\frac{\partial^2 R}{\partial x^2} \cdot \frac{\partial^2 R}{\partial y^2} - \left[\frac{\partial^2 R}{\partial x . \partial y}\right]^2 = +3,$$

so daß also

$$x = \tfrac{2}{3}c \text{ und } y = \tfrac{1}{3}\sqrt{c^2 + 9ag}$$

die größtmöglichste Summe der Effecte liefern. Diese Summe erhält man:

$$= \frac{M\gamma}{2g}\left(\frac{c^2}{3} + ag\right).$$

§. 63. **Aufgabe.** In einem geneigten Gerinne sind drei hintereinanderliegende unterschlächtige Wasserräder an=

gebracht; auf das erste stürze das Wasser mit der Geschwindigkeit c, das Gefälle zwischen dem ersten und zweiten sei = a, und zwischen dem zweiten und dritten = b. Für welche Geschwindigkeit dieser drei Räder ist die Summe ihrer Effecte ein Maximum.

Auflösung. Bezeichnen x, y, z, die Geschwindigkeiten der Mittelpuncte der Schaufeln für die drei aufeinanderfolgenden Räder, so ist wie im vor. §.

das mechanische Moment fürs erste Rad $= x \cdot \frac{c-x}{2g} M\gamma$,

das mechanische Moment fürs zweite Rad

$$= y \cdot \frac{\sqrt{x^2+4ga}-y}{2g} M\gamma,$$

das mechanische Moment fürs dritte Rad

$$= z \cdot \frac{\sqrt{y^2+4bg}-z}{2g} M\gamma,$$

folglich die Summe der Effecte =

$$\frac{M\gamma}{2g} \cdot [cx - x^2 + y\sqrt{x^2+4ag} - y^2 + z\sqrt{y^2+4bg} - z^2],$$

und es sind also die Werthe für x, y, z, der Bedingung gemäß zu bestimmen, daß

$$u = cx - x^2 - y^2 - z^2 + y\sqrt{x^2+4ag} + z\sqrt{y^2+4bg}$$

ein Maximum wird.

Man erhält:

$$\frac{\partial u}{\partial x} = c - 2x + \frac{xy}{\sqrt{x^2+4ag}},$$

$$\frac{\partial u}{\partial y} = -2y + \sqrt{x^2+4ag} + \frac{yz}{\sqrt{y^2+4bg}},$$

$$\frac{\partial u}{\partial z} = -2z + \sqrt{y^2+4bg},$$

$$\frac{\partial^2 u}{\partial x^2} = -2 + \frac{4agy}{(x^2+4ag)^{\frac{3}{2}}},$$

$$\frac{\partial^2 u}{\partial y^2} = -2 + \frac{4bgz}{(y^2 + 4bg)^{\frac{3}{2}}},$$

$$\frac{\partial^2 u}{\partial z^2} = -2$$

$$\frac{\partial^2 u}{\partial x . \partial y} = \frac{x}{\sqrt{x^2 + 4ag}},$$

$$\frac{\partial^2 u}{\partial x . \partial z} = 0,$$

$$\frac{\partial^2 R}{\partial y . \partial z} = \frac{y}{\sqrt{y^2 + 4bg}}.$$

Aus den drei Gleichungen $\frac{\partial u}{\partial x} = 0$, $\frac{\partial u}{\partial y} = 0$ und $\frac{\partial u}{\partial z} = 0$ erhält man leicht: $x = \frac{3}{4}c$, $y = \frac{1}{8}\sqrt{9c^2 + 64ag}$, $z = \frac{1}{12}\sqrt{9c^2 + 64ag + 144bg}$, und für diese Werthe wird:

1. $\frac{\partial^2 u}{\partial x^2} = -\frac{2}{3} . \frac{27c^2 + 128ag}{9c^2 + 64ag}$,
2. $\frac{\partial^2 u}{\partial y^2} = -2 . \frac{9c^2 + 64ag + 108bg}{9c^2 + 64ag + 144bg}$,
3. $\frac{\partial^2 u}{\partial z^2} = -2$,
4. $\frac{\partial^2 u}{\partial x \partial y} = + \frac{3c}{\sqrt{9c^2 + 64ag}}$,
5. $\frac{\partial^2 u}{\partial x \partial z} = 0$,
6. $\frac{\partial^2 u}{\partial y \partial z} = \sqrt{\frac{9c^2 + 64ag}{9c^2 + 64ag + 144bg}}$, also
7. $\frac{\partial^2 u}{\partial x^2} . \frac{\partial^2 u}{\partial y^2} - \left[\frac{\partial^2 u}{\partial x \partial y}\right]^2 =$

$$\frac{27c^2 . [9c^2 + 64ag + 96bg] + 512ag[9c^2 + 64ag + 108bg]}{(9c^2 + 64ag)(9c^2 + 64ag + 144bg)},$$

8. $\frac{\partial^2 u}{\partial x^2} . \frac{\partial^2 u}{\partial z^2} - \left[\frac{\partial^2 u}{\partial x \partial z}\right]^2 = \frac{4}{3} . \frac{27c^2 + 128ag}{9c^2 + 64ag}$,
9. $\frac{\partial^2 u}{\partial y^2} . \frac{\partial^2 u}{\partial z^2} - \left[\frac{\partial^2 u}{\partial y \partial z}\right]^2 = 3$, und endlich

$$10.\ \frac{\partial^2 u}{\partial x^2}\cdot\frac{\partial^2 u}{\partial y^2}\cdot\frac{\partial^2 u}{\partial z^2}+2\frac{\partial^2 u}{\partial x\partial y}\cdot\frac{\partial^2 u}{\partial x\partial z}\cdot\frac{\partial^2 u}{\partial y\partial z}$$

$$-\frac{\partial^2 u}{\partial x^2}\cdot\left(\frac{\partial^2 u}{\partial y\partial z}\right)^2-\frac{\partial^2 u}{\partial y^2}\cdot\left(\frac{\partial u^2}{\partial x\partial z}\right)^2$$

$$-\frac{\partial^2 u}{\partial z^2}\left(\frac{\partial^2 u}{\partial x\partial y}\right)^2=-4;$$

Folglich, weil die Resultate von 1., 2. und 3. negativ, die von 7., 8. und 9. positiv sind, und endlich das von 10. negativ ist, so liefern die Werthe $x=\frac{3}{4}c$, $y=\frac{1}{8}\sqrt{9c^2+64ag}$, $z=\frac{1}{12}\sqrt{9c^2+64ag+144bg}$, den größtmöglichsten Effect, und man findet denselben

$$=\frac{M\gamma}{2g}\cdot\frac{9c^2+32ag+24bg}{24}.$$

§. 64. **Aufgabe.** In der verticalen Seitenwand eines mit Wasser angefüllten beständig voll erhaltenen Gefäßes befindet sich eine Oeffnung, welche ein rechtwinklichtes gleichschenklichtes Dreieck bildet. Die Spitze E (Fig. 30.) des rechten Winkels trifft den horizontalen unveränderlichen Wasserspiegel AD, und die Oeffnung EBC ist in der Vertical-Ebene um E zu drehen. Für welche Lage von EBC ist die ausfließende Wassermenge M ein Maximum?

Auflösung. Ist EB = EC = a und AEB = x der Winkel, welcher die gesuchte Lage bestimmt, so ist die Verticale AB = a Sin x, die CD = a Cos x, also nach §. 60. die Wassermenge, welche in jeder Secunde aus dem Trapez ABCD ausfließt,

$$=\frac{4}{15}\alpha.AD.\frac{CD^{\frac{5}{2}}-AB^{\frac{5}{2}}}{CD-AB}$$

$$=\frac{4}{15}\alpha.a(\text{Cos}\,x+\text{Sin}\,x)\frac{(a\,\text{Cos}\,x)^{\frac{5}{2}}-(a\,\text{Sin}\,x)^{\frac{5}{2}}}{a(\text{Cos}\,x-\text{Sin}\,x)}.$$

Eben so die, welche aus ECD abfließen würde

$$=\frac{4}{15}\alpha.a\,\text{Sin}\,x.(a\,\text{Cos}\,x)^{\frac{3}{2}},$$

und die welche aus EBA abfließen will

$$= \tfrac{4}{15}\alpha \,.\, a \operatorname{Cos} x (a \operatorname{Sin} x)^{\frac{3}{2}}, \text{ folglich}$$

$$M = \tfrac{4}{15}\alpha \,.\, a^{\frac{5}{2}} \,.\, \Big[(\operatorname{Cos} x + \operatorname{Sin} x)\frac{(\operatorname{Cos} x)^{\frac{5}{2}} - (\operatorname{Sin} x)^{\frac{5}{2}}}{\operatorname{Cos} x - \operatorname{Sin} x} - \operatorname{Sin} x (\operatorname{Cos} x)^{\frac{3}{2}} - \operatorname{Cos} x (\operatorname{Sin} x)^{\frac{3}{2}}\Big]$$

$$= \tfrac{4}{15}\alpha \,.\, a^{\frac{5}{2}} \,.\, \frac{(\operatorname{Cos} x)^{\frac{3}{2}} - (\operatorname{Sin} x)^{\frac{3}{2}}}{\operatorname{Cos} x - \operatorname{Sin} x} = \tfrac{4}{15}\alpha \,.\, a^{\frac{5}{2}} \,.\, \varphi x.$$

Wird $\operatorname{Cos} x$ durch y^2 und $\operatorname{Sin} x$ durch z^2 ausgedrückt, so hat man:

$$\varphi x = \frac{y^3 - z^3}{y^2 - z^2} = \frac{y^2 + yz + z^2}{y + z}, \text{ also}$$

$$\varphi' x = \frac{(y + 2z) y \partial y + (z + 2y) z \partial z}{(y + z)^2}$$

$$= \frac{-(y + 2z) \operatorname{Sin} x + (z + 2y) \operatorname{Cos} x}{2(y + z)^2}$$

$$= \frac{2y^{\frac{3}{2}} + z \,.\, \sqrt{y} - 2z^{\frac{3}{2}} - y\sqrt{z}}{2(y + z)^2}$$

$$= \frac{2(y^{\frac{3}{2}} - z^{\frac{3}{2}}) - (y^{\frac{1}{2}} - z^{\frac{1}{2}})\sqrt{yz}}{2(y + z)^2}$$

$$= (y^{\frac{1}{2}} - z^{\frac{1}{2}}) \,.\, \frac{2(y + \sqrt{yz} + z) - \sqrt{yz}}{2(y + z)^2}$$

$$= (\sqrt{y} - \sqrt{z}) \,.\, \frac{2y + 2z + \sqrt{yz}}{2(y + z)^2}$$

$$= (\sqrt{y} - \sqrt{z}) \,.\, F x,$$

und dieser Ausdruck wird zu Null für $y = z$, d. h. für $\operatorname{Cos} x = \operatorname{Sin} x$, also für $x = \frac{\pi}{4}$.

Für $x = \frac{\pi}{4}$ wird aber

$$\varphi'' x = (\sqrt{y} - \sqrt{z}) \,.\, F' x + F x \,.\, \Big[\frac{\partial y}{2\sqrt{y}} - \frac{\partial z}{2\sqrt{z}}\Big]$$

$$= 0 + \frac{F x}{2} \,.\, \Big[-\frac{\operatorname{Sin} x}{2y\sqrt{y}} - \frac{\operatorname{Cos} x}{2z\sqrt{z}}\Big], \text{ also negativ, und}$$

folglich wird M ein Maximum für $x = \frac{\pi}{4}$.

§. 65. **Aufgabe.** In der verticalen Seitenwand eines mit Wasser angefüllten und immer gleich voll erhaltenen Raumes befindet sich eine bis zum unveränderlichen Wasserspiegel reichende rechtwinklichte Oeffnung, von der verticalen Höhe h und horizontalen Breite b, durch welche das Wasser in ein prismatisches Gefäß überfließt, dessen horizontaler Boden vom Quadrat-Inhalt A, mit der Unterkante b der Oeffnung in einer horizontalen Ebene liegt. Man soll die Zeit T bestimmen, während welcher das Wasser in diesem Gefäß seine größte Höhe h erreicht.

Auflösung. Steigt in der Zeit x das Wasser im Gefäß zur Höhe $y = \varphi x$, so fließt im letzten Augenblick der Zeit x, aus dem Raum $b(h - \varphi x)$ das Wasser mit der, der Höhe $\frac{4}{9}(h - \varphi x)$ zugehörigen, und aus dem Raum $b \varphi x$ mit der, der Höhe $h - \varphi x$ entsprechenden Geschwindigkeit (M. III. B. §. 172.). Wächst nun x um k, so fällt die aus dem oberen Raum in der Zeit k fließende Wassermenge zwischen

$$k . \alpha . b [h - \varphi x] \sqrt{\tfrac{4}{9}[b - \varphi x]} \text{ und}$$

$$k . \alpha b [h - \varphi(x + k)] . \sqrt{\tfrac{4}{9}[h - \varphi(x + k)]}, \text{ ist also}$$

$$= k \alpha b [h - \varphi(x + k')] \sqrt{\tfrac{4}{9}[h - \varphi(x + k')]},$$

und die aus dem unteren, zwischen

$$k \alpha b \varphi x . \sqrt{h - \varphi x} \text{ und } k \alpha b \varphi(x + k) \sqrt{h - \varphi(x + k)},$$

ist also $= k \alpha b \varphi (x + k') \sqrt{h - \varphi (x + k')}$ zu setzen. Weil nun aber die in dieser Zeit k im Gefäß sich sammelnde Wassermenge $= A[\varphi(\alpha + k) - \varphi x]$ ist, so entsteht die Gleichung

$$k \alpha b [h - \varphi(x + k')] \sqrt{\tfrac{4}{9}[h - \varphi(x + k')}$$

$$+ k \alpha b \varphi(x + k') \sqrt{h - \varphi(x + k')} = A[\varphi(x + k) - \varphi x],$$

uud hieraus

$$A\varphi' x = \alpha b [\tfrac{2}{3}(h - \varphi x) + \varphi x] \sqrt{h - \varphi x}, \text{ oder}$$

$$A \frac{\partial y}{\partial x} = \frac{\alpha b}{3} \cdot [2h + y] \cdot \sqrt{h - y},$$

und es ist daher

$$x = \frac{3A}{\alpha b} \int \frac{\partial y}{(2h + y)\sqrt{h - y}}.$$

Setzt man nun $h - y = z^2$, so entsteht:

$$x = -\frac{6A}{\alpha b} \int \frac{\partial z}{3h - z^2}$$

$$= -\frac{A\sqrt{3}}{\alpha b \sqrt{h}} \ln \frac{\sqrt{3h} + z}{\sqrt{3h} - z} + C$$

$$= -\frac{A\sqrt{3}}{\alpha b \sqrt{h}} \ln \frac{\sqrt{3h} + \sqrt{h - y}}{\sqrt{3h} - \sqrt{h - y}} + C$$

$$= -\frac{A\sqrt{3}}{\alpha b \sqrt{h}} \ln \frac{4h - y + 2\sqrt{3h(h - y)}}{2h + y} + C.$$

Für $x = 0$ ist auch $y = 0$, und man erhält:

$$C = \frac{A\sqrt{3}}{\alpha b \sqrt{h}} \ln (2 + \sqrt{3}),$$

also vollständig

$$x = \frac{A\sqrt{3}}{\alpha b \sqrt{h}} \ln \frac{(2 + \sqrt{3})(2h + y)}{4h - y + 2\sqrt{3h(h - y)}},$$

und hieraus, für $y = h$,

$$T = \frac{A\sqrt{3}}{\alpha b \sqrt{h}} \ln (2 + \sqrt{3}).$$

§. 66. Zusatz. Steigt das Wasser jenseits des Ueberfalls zugleich allmählig in jeder Secunde um a Fuß, so entsteht auf demselben Weg:

$$x = \frac{3A}{\alpha b} \int \frac{\partial y}{[2(h + ax) + y]\sqrt{h + ax - y}},$$

und man erhält näherungsweise, wenn das arithmetische Mittel zwischen h und $h + ax$, also die mittlere Höhe

$h + \frac{a}{2} x$, als unveränderlich, während der Zeit x angesehen wird,

$$T = \frac{A\sqrt{3}}{\alpha b \sqrt{h + \frac{a}{2} T}} . \ln (2 + \sqrt{3}),$$

woraus sich T entnehmen läßt.

§. 67. Aufgabe. Die äußere Böschung eines Deichs soll an der Krone flacher als am Fuße sein, und im Durchschnitt eine Parabel bilden; die Gleichung für dieselbe, besondere Bedingungen entsprechend, zu bestimmen.

Auflösung. I. Wenn die Höhe des Deichs $= h$, der Böschungswinkel am Fuß $= \alpha$, der an der Krone $= \beta$ werden, und die Achse der Parabel horizontal liegen soll.

Nimmt man die Horizontallinie durch den tiefsten Punct von h als Abscissenlinie, den Durchschnittspunct der Parabel mit dieser Horizontale als Anfangspunct der Abscissen an, bezeichnet jede Abscisse durch x, die zugehörige normale Ordinate durch y, die Abscisse zu h durch w, den Abstand zwischen w und der Achse durch z, die zu z gehörige Abscisse auf der Achse vom Scheitelpunct aus durch u, und den Achsenparameter der Parabel durch p, so hat man zum Bestimmung von w, z, u und p durch h, α und β die vier Gleichungen:

1. $(y + z)^2 = p . (u + x)$, also auch
   $(h + z)^2 = p (u + w)$;
2. $z^2 = p u$;
3. $\tang \alpha = \frac{\partial y}{\partial x}$ für $x = 0$, also auch $y = 0$

   d. h. $\tang \alpha = \frac{p}{2 z}$;

4. $\tang \beta = \frac{\partial y}{\partial x}$ für $x = w$, also $y = h$, d. h.

$$\tang \beta = \frac{p}{2(h+z)};$$

und aus ihnen erhält man:

$$z = \frac{h \operatorname{Sin} \beta \operatorname{Cos} \alpha}{\operatorname{Sin}(\alpha - \beta)};$$

$$p = \frac{2h \operatorname{Sin} \alpha \operatorname{Sin} \beta}{\operatorname{Sin}(\alpha - \beta)};$$

$$w = \frac{h \operatorname{Sin}(\alpha + \beta)}{2 \operatorname{Sin} \alpha \operatorname{Sin} \beta};$$

$$u = \frac{h \operatorname{Sin} \beta \operatorname{Cos} \alpha^2}{2 \operatorname{Sin} \alpha \operatorname{Sin}(\alpha - \beta)};$$

und die Gleichung:

$$y^2 + \frac{2h \operatorname{Sin} \beta \operatorname{Cos} \alpha}{\operatorname{Sin}(\alpha - \beta)} y = \frac{2h \operatorname{Sin} \alpha \operatorname{Sin} \beta}{\operatorname{Sin}(\alpha - \beta)} . x.$$

II. Wenn h, α, β ihre Bedeutung behalten, die Achse der Parabel aber vertical liegen soll.

Nimmt man h als Abscissenlinie, den Durchschnittspunct der Parabel mit h als Anfangspunct der Abscissen an, bezeichnet jede Abscisse durch x, die zugehörige normale Ordinate durch y, die Ordinate zu h durch w, den Abstand zwischen h und der Achse durch z, die zu z gehörige Abscisse auf der Achse, vom Scheitelpunct aus, durch u, und den Achsenparameter der Parabel durch p, so hat man zur Bestimmung von w, z, u und p durch h, α und β, die vier Gleichungen:

1. $(y+z)^2 = p . (u+x)$ also auch
   $(w+z)^2 = p . (u+h)$;
2. $z^2 = p . u$;
3. $\operatorname{Cotg} \alpha = \frac{\partial y}{\partial x}$ für $x = h$, also $y = w$, d. h.

$$\operatorname{Cotg} \alpha = \frac{p}{2(w+z)};$$

4. $\mathrm{Cotg}\,\beta = \frac{\partial y}{\partial x}$ für $x = 0$, also auch $y = 0$,

d. h. $\mathrm{Cotg}\,\beta = \frac{p}{2z}$;

und aus ihnen erhält man:

$$w = \frac{2h\,\mathrm{Cos}\,\alpha\,\mathrm{Cos}\,\beta}{\mathrm{Sin}\,(\alpha+\beta)};$$

$$z = \frac{2h\,\mathrm{Cos}\,\alpha^2\,\mathrm{Sin}\,\beta\,\mathrm{Cos}\,\beta}{\mathrm{Sin}\,(\alpha+\beta)\,\mathrm{Sin}\,(\alpha-\beta)};$$

$$p = \frac{4h\,\mathrm{Cos}\,\alpha^2\,\mathrm{Cos}\,\beta^2}{\mathrm{Sin}\,(\alpha+\beta)\,\mathrm{Sin}\,(\alpha-\beta)};$$

$$u = \frac{h\,\mathrm{Cos}\,\alpha^2\,\mathrm{Sin}\,\beta^2}{\mathrm{Sin}\,(\alpha+\beta)\,\mathrm{Sin}\,(\alpha-\beta)}$$

und die Gleichung:

$$y^2 + \frac{4h\,\mathrm{Cos}\,\alpha^2\,\mathrm{Sin}\,\beta\,\mathrm{Cos}\,\beta}{\mathrm{Sin}\,(\alpha+\beta)\,\mathrm{Sin}\,(\alpha-\beta)}\,.\,y = \frac{4h\,\mathrm{Cos}\,\alpha^2\,\mathrm{Cos}\,\beta^2}{\mathrm{Sin}\,(\alpha+\beta)\,\mathrm{Sin}\,(\alpha-\beta)}\,.\,x.$$

III. Wenn h, α, β ihre Bedeutung behalten, aber bedingt ist, daß w eine gegebene Größe a haben soll.

Die Gleichung zwischen rechtwinklichten Coordinaten, die Abscissen auf a vom Durchschnittspunct aus, genommen durch x, die zugehörigen normalen, also hier auch verticalen Ordinaten durch y ausgedrückt, sei

$$y^2 + Axy + Bx^2 + Cy + Dx + E = 0, \text{ also}$$

$$\frac{\partial y}{\partial x} = -\frac{Ay + 2Bx + D}{2y + Ax + C},$$

so sind die Bedingungen:

1) für $x = 0$ soll auch $y = 0$;

2) für $x = a$ soll $y = h$;

3) für $x = 0$ soll $\frac{\partial y}{\partial x} = \mathrm{tang}\,\alpha$;

4) für $x = a$, also $y = h$, soll $\frac{\partial y}{\partial x} = \mathrm{tg}\,\beta$ werden;

5) der Natur der Parabel gemäß: $A^2 = 4B$,

oder:

1) $E = 0$;
2) $h^2 + Aah + Ba^2 + Ch + Da = 0$;
2) $-\frac{D}{C} = \text{tg}\,\alpha$;
4) $-\frac{Ah + 2Ba + D}{2h + Aa + C} = \text{tg}\,\beta$;
5) $A^2 = 4B$,

und aus ihnen folgt:

$$A = 2 \cdot \frac{\left\{\begin{array}{l} a^2 \operatorname{Sin}\alpha \operatorname{Sin}\beta - h^2 \operatorname{Cos}\alpha \operatorname{Cos}\beta \\ \pm [a^2 \operatorname{Sin}\alpha \operatorname{Sin}\beta + h^2 \operatorname{Cos}\alpha \operatorname{Cos}\beta - a h \operatorname{Sin}(\alpha+\beta)] \end{array}\right\}}{a[2h \operatorname{Cos}\alpha \operatorname{Cos}\beta - \operatorname{Sin}(\alpha+\beta)]}$$

$$= 2 \cdot \frac{2a \operatorname{Sin}\alpha \operatorname{Sin}\beta - h \operatorname{Sin}(\alpha+\beta)}{2h \operatorname{Cos}\alpha \operatorname{Cos}\beta - a \operatorname{Sin}(\alpha+\beta)}, \text{ oder auch} = -\frac{2b}{a},$$

welcher letzte Werth eine gerade Linie liefert, also dieser Aufgabe nicht entspricht.

Aus $A = 2 \cdot \frac{2a \operatorname{Sin}\alpha \operatorname{Sin}\beta - h \operatorname{Sin}(\alpha+\beta)}{2h \operatorname{Cos}\alpha \operatorname{Cos}\beta - a \operatorname{Sin}(\alpha+\beta)}$ folgt dann noch

$$C = 4 \operatorname{Cos}\alpha \cdot \frac{\left\{\begin{array}{l} a^3 \operatorname{Sin}\alpha \operatorname{Sin}\beta^2 - a^2 h \operatorname{Sin}\beta [\operatorname{Sin}(\alpha+\beta) + \operatorname{Sin}\alpha \operatorname{Cos}\beta] \\ + a h^2 [\operatorname{Sin}(\alpha+\beta) + \operatorname{Cos}\alpha \operatorname{Sin}\beta] \operatorname{Cos}\beta - h^3 \operatorname{Cos}\alpha \operatorname{Cos}\beta^2 \end{array}\right\}}{[2h \operatorname{Cos}\alpha \operatorname{Cos}\beta - a \operatorname{Sin}(\alpha+\beta)]^2},$$

$$D = -C \cdot \text{tg}\,\alpha,$$

$$B = \left[\frac{2a \operatorname{Sin}\alpha \operatorname{Sin}\beta - h \operatorname{Sin}(\alpha+\beta)}{2h \operatorname{Cos}\alpha \operatorname{Cos}\beta - a \operatorname{Sin}(\alpha+\beta)}\right]^2,$$

und substituirt man diese Werthe in:

$$y^2 + Axy + Bx^2 + Cy + Dx = 0,$$

so hat man die verlangte Coordinaten=Gleichung.

§. 68. **Aufgabe.** Die Schenkel PQ, QR eines gegebenen Winkels PQR, sind als die Richtungslinien eines Deichs gegeben, und bedingt: daß die Abrundung desselben sich in P und R tangentiel an diese Richtungen anschließen, und durch den innerhalb des Winkels PQR gegebe=

nen Punct W so geführt werden soll, daß die Tangente der Abrundung in W normal auf QW stehe. Man soll diesen Bedingungen gemäß die Gleichung für die Curve, welche diese Abrundung bildet, angeben.

Auflösung. Setzt man $QW = a$, $QP = b$, $\angle PQW = \alpha$, nimmt die Verlängerung von QW als Abscissenlinie, W als den Anfangspunct der Abscissen, setzt jede Abscisse $= x$, die zugehörige normale Ordinate des Astes $WP = y$, so muß die verlangte Gleichung folgenden Bedingungen entsprechen:

1) für $x = 0$ muß auch $y = 0$,

2) für $x = 0$, also auch $y = 0$ muß $\frac{\partial y}{\partial x} = \infty$,

3) für $x = b \operatorname{Cos}\alpha - a$ muß $y = b \operatorname{Sin}\alpha$,

4) für $x = b \operatorname{Cos}\alpha - a$, also $y = b \operatorname{Sin}\alpha$ muß $\frac{\partial y}{\partial x} = \operatorname{tg}\alpha$ werden.

Die Gleichung muß demnach viere, diesen Bedingungen gemäß zu bestimmende Parameter enthalten.

Wählt man die Form:

$$y^2 + Ax^2 + Bx + Cy + D = 0,$$

so geben jene 4 Bedingungen, die 4 Gleichungen:

1) $D = 0$;

2) $-\frac{B}{C} = \infty$, oder $C = 0$;

3) $b^2 \operatorname{Sin}\alpha^2 + A(b \operatorname{Cos}\alpha - a)^2 + B(b \operatorname{Cos}\alpha - a) = 0$

4) $-\frac{2A.(b \operatorname{Cos}\alpha - a) + B}{2b \operatorname{Sin}\alpha} = \operatorname{tg}\alpha$;

und aus ihnen folgt:

$$A = \frac{b \operatorname{Sin}\alpha^2 [2a - b \operatorname{Cos}\alpha]}{\operatorname{Cos}\alpha [b \operatorname{Cos}\alpha - a]^2};$$

$$B = -\frac{2ab \operatorname{Sin}\alpha^2}{\operatorname{Cos}\alpha [b \operatorname{Cos}\alpha - a]}, \quad C = 0, \quad D = 0,$$

und die Gleichung ist:

$$y^2 + \frac{b \operatorname{Sin} \alpha^2 [2a - b \operatorname{Cos} \alpha]}{\operatorname{Cos} \alpha [b \operatorname{Cos} \alpha - a]^2} x^2 - \frac{2ab \operatorname{Sin} \alpha^2}{\operatorname{Cos} \alpha [b \operatorname{Cos} \alpha - a]} . x = 0.$$

Aus dieser Gleichung erhellet, daß $b \operatorname{Cos} \alpha > a$ sein muß, und daß der gewählte Kegelschnitt eine Parabel liefert, wenn $2a = b \operatorname{Cos} \alpha$; eine Ellipse, wenn $2a > b \operatorname{Cos} \alpha$; eine Hyperbel, wenn $2a < b \operatorname{Cos} \alpha$ ist.

§. 69. Zusatz. 1. Wählt man die Form

$$y^2 + Axy + Bx + Dy + E = 0,$$

so erhält man eben so die Gleichung:

$$y^2 + \frac{(2a - b \operatorname{Cos} \alpha) b \operatorname{Sin} \alpha}{(b \operatorname{Cos} \alpha - a)^2} xy - \frac{ab^2 \operatorname{Sin} \alpha^2}{(b \operatorname{Cos} \alpha - a)^2} . x = 0,$$

und sie liefert eine Parabel, $2a = b \operatorname{Cos} \alpha$; eine Hyperbel, wenn $2a$ größer oder kleiner wie $b \operatorname{Cos} \alpha$ ist.

2. Wählt man die Form:

$$y^2 + Axy + Bx^2 + Cx + D = 0,$$

so findet man:

$$y^2 - \frac{2ab \operatorname{Sin} \alpha^2 + (b \operatorname{Cos} \alpha - a) \operatorname{Cos} \alpha . C}{a \operatorname{Sin} \alpha (\operatorname{Cos} \alpha - a)} xy$$

$$+ \frac{ab^2 \operatorname{Sin} \alpha + (b \operatorname{Cos} \alpha - a)^2 . C}{a (b \operatorname{Cos} \alpha - a)^2} x^2 + Cx = 0,$$

worinnen C ganz beliebig, aber negativ zu wählen ist.

3. Wählt man die Form:

$$y^3 + Axy + Bx + Cy + D = 0,$$

so entsteht:

$$y^2 + \frac{b^2 \operatorname{Sin} \alpha^2 [3a - 2b \operatorname{Cos} \alpha]}{b^2 \operatorname{Cos} \alpha^2 - a^2} xy$$

$$- \frac{b^3 \operatorname{Sin} \alpha^3 [4a - b \operatorname{Cos} \alpha]}{b^2 \operatorname{Cos} \alpha^2 - a^2} . x = 0.$$

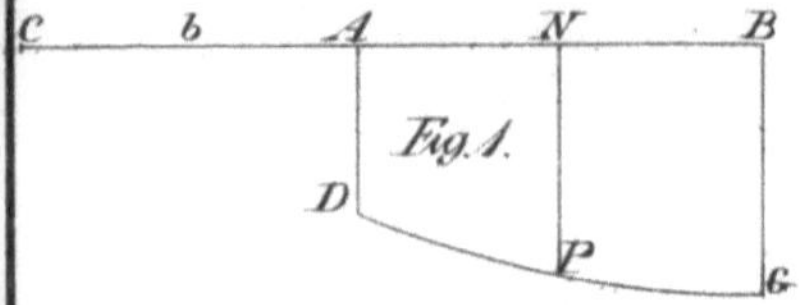

Fig. 1.

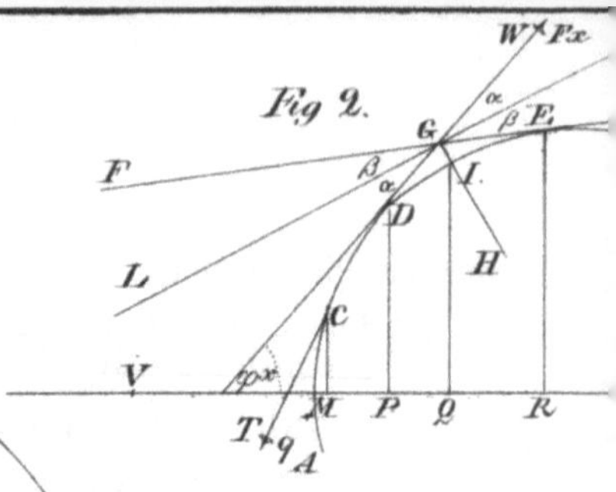

Fig 2.

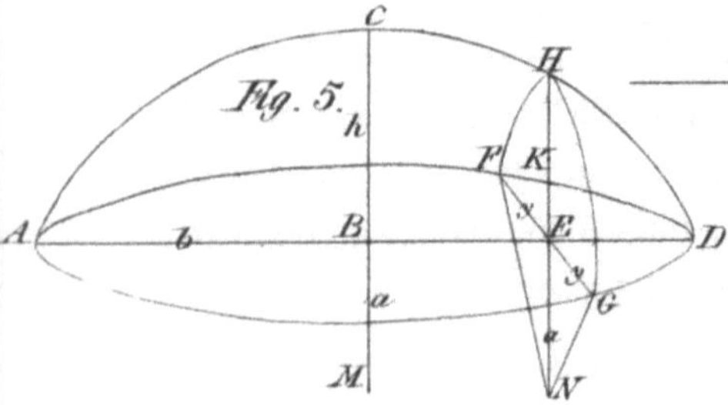

Fig. 5.

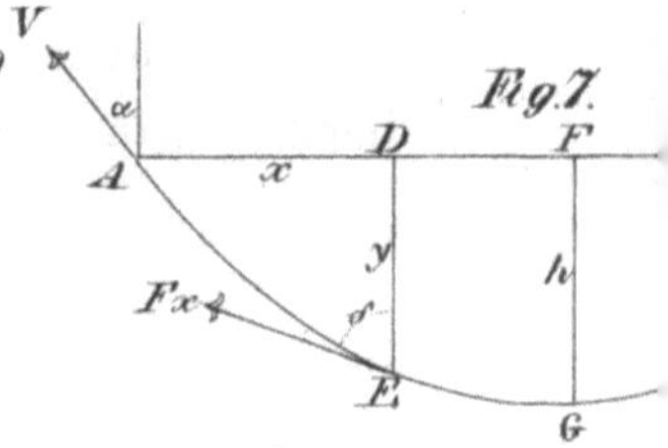

Fig. 7.

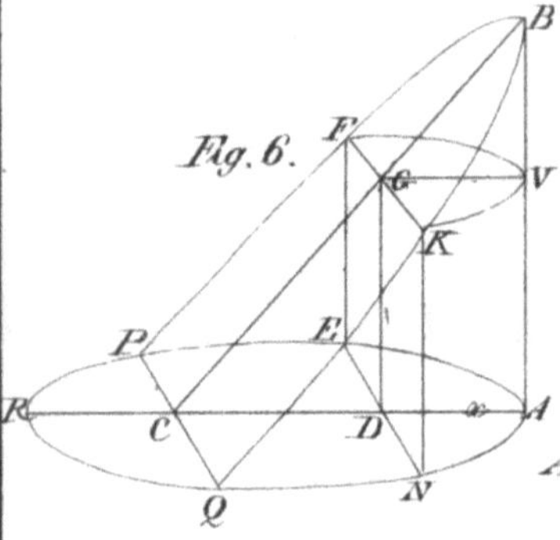

Fig. 6.

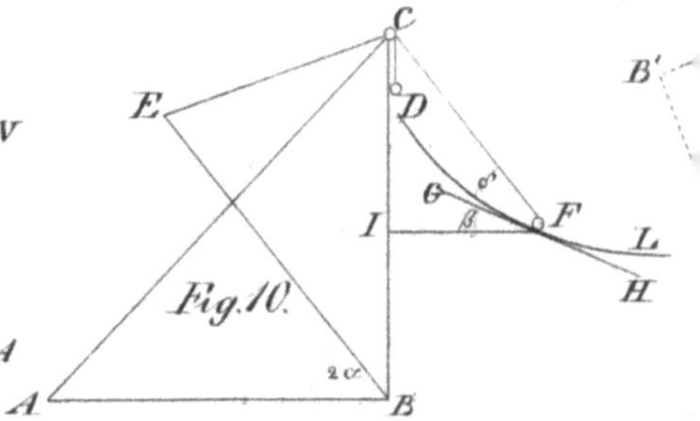

Fig. 10.

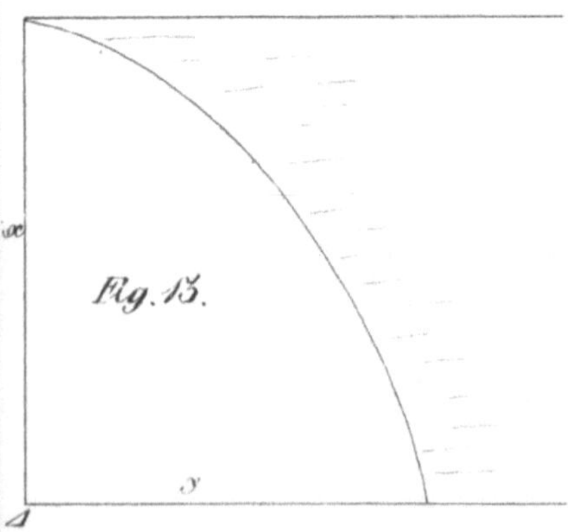

Fig. 13.

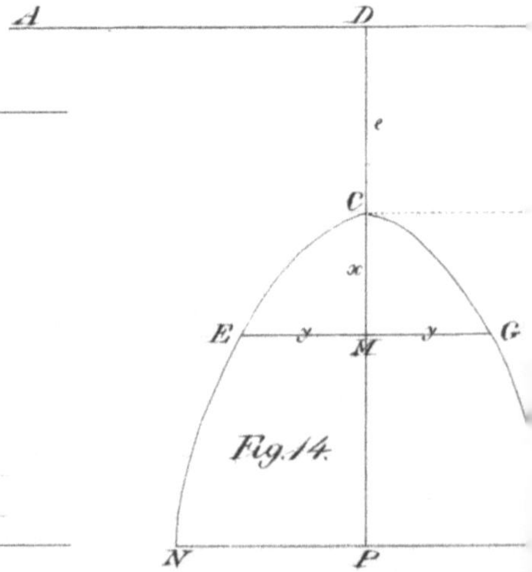

Fig. 14.

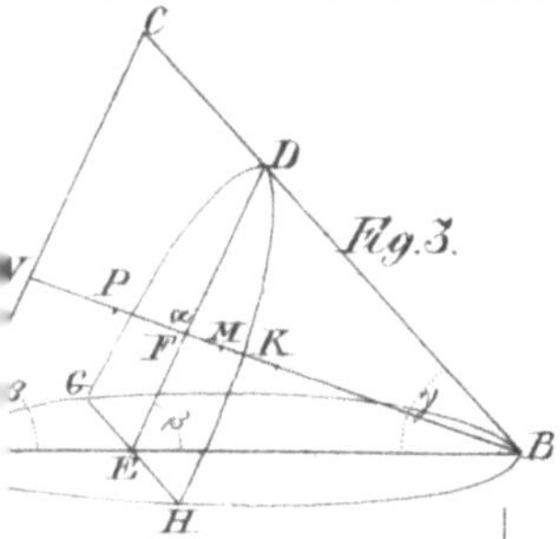

Fig. 3.

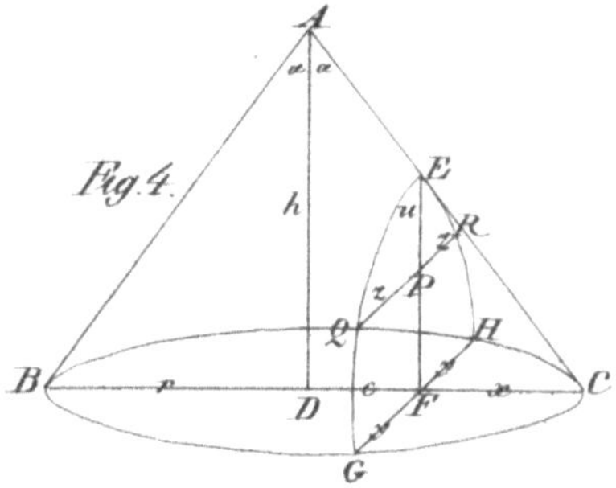

Fig. 4.

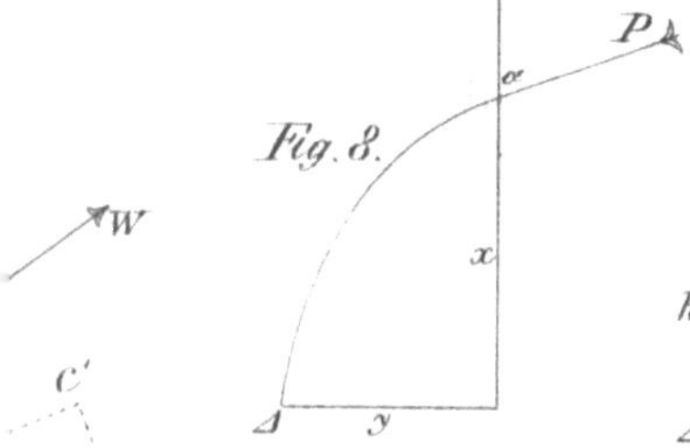

Fig. 8.

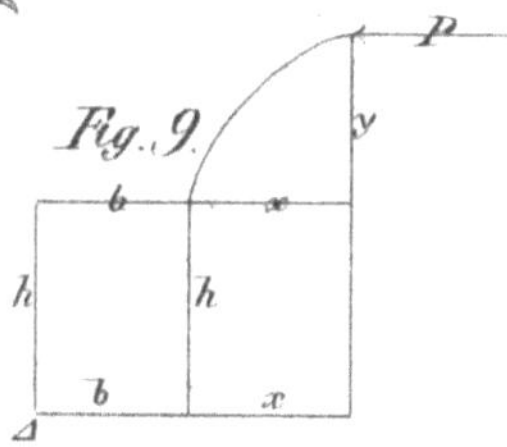

Fig. 9.

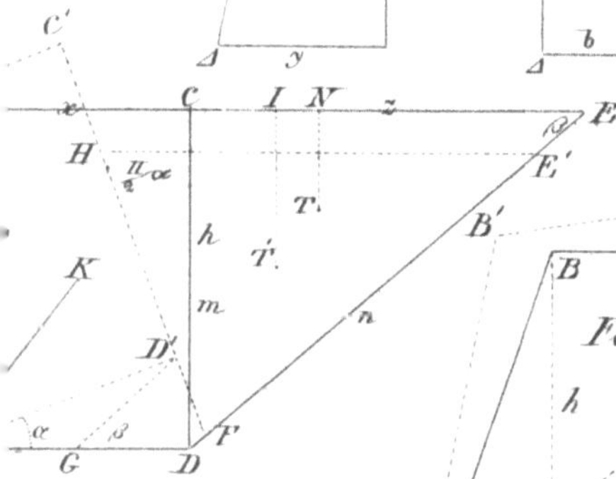

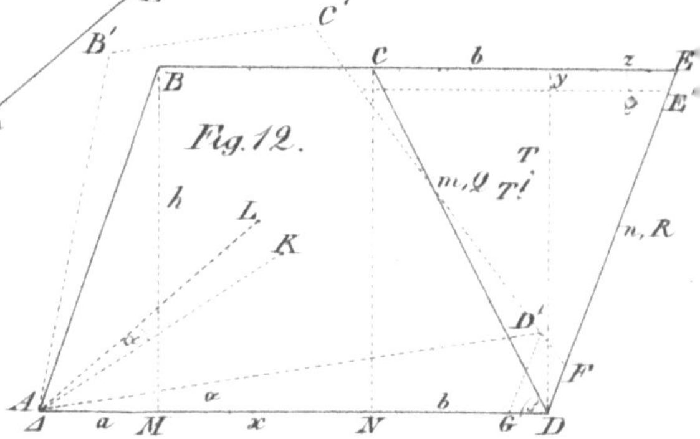

Fig. 12.

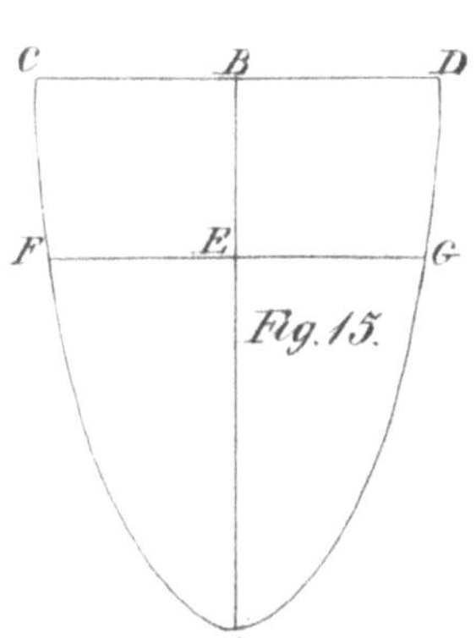

Fig. 15.

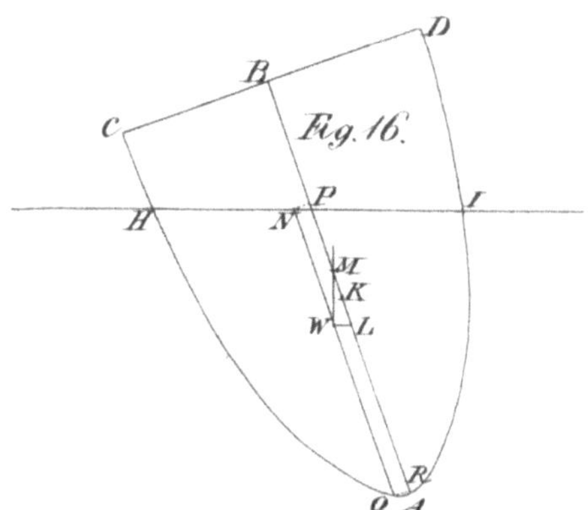

Fig. 16.

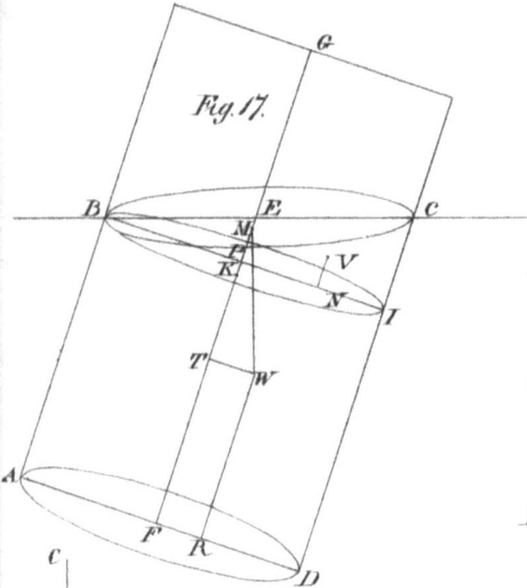

Fig. 17.

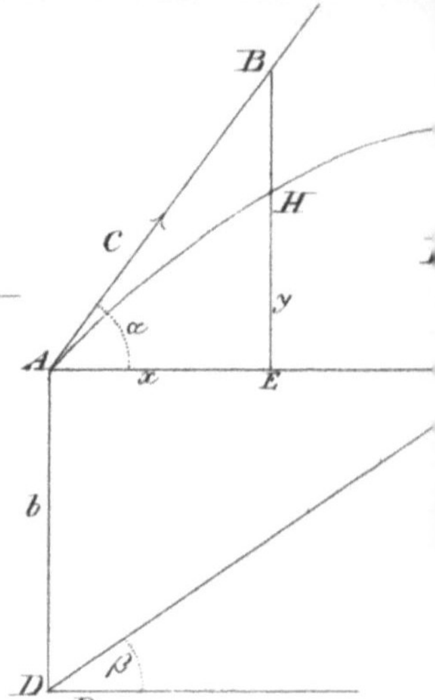

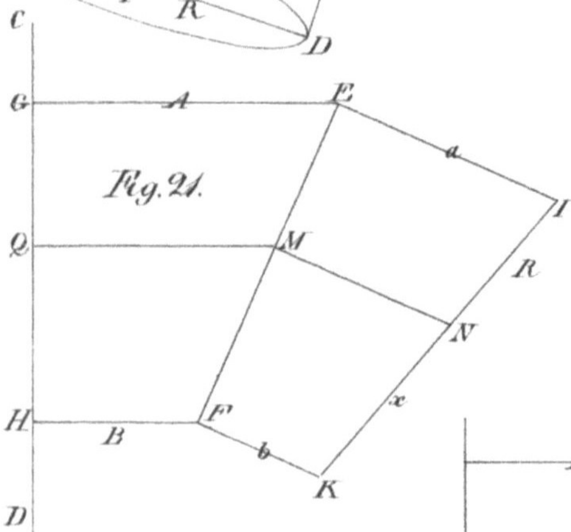

Fig. 21.

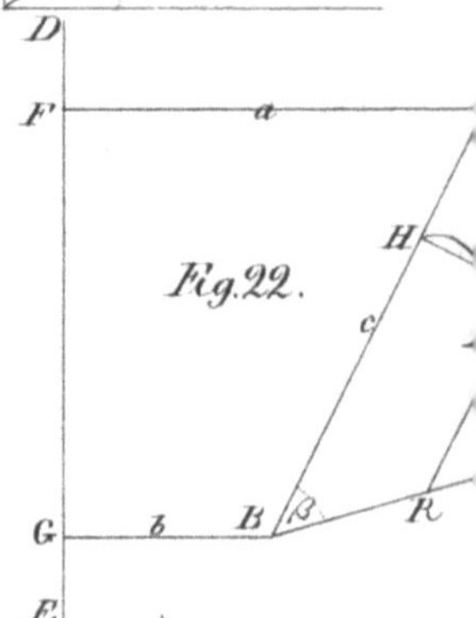

Fig. 22.

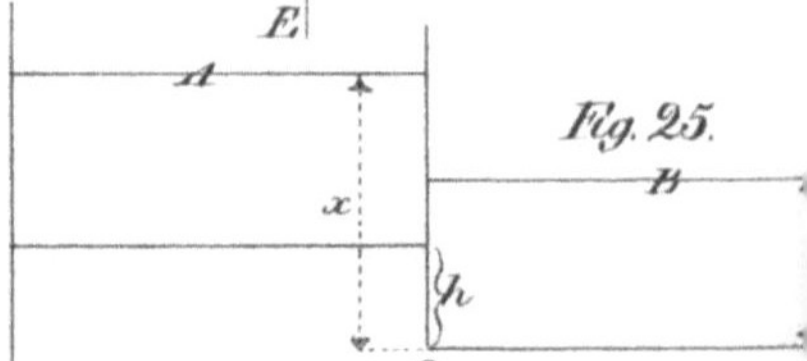

Fig. 25.

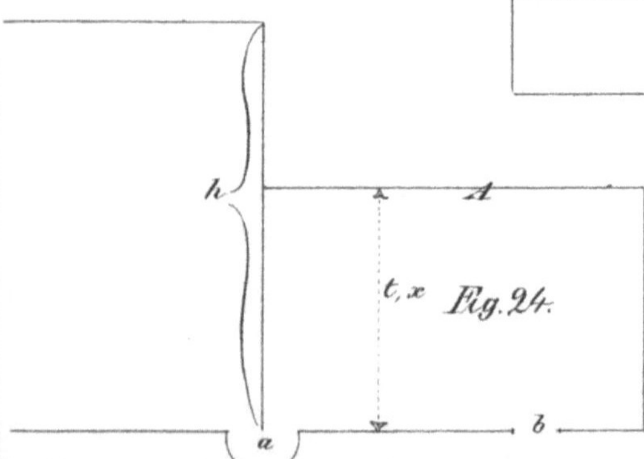

Fig. 24.

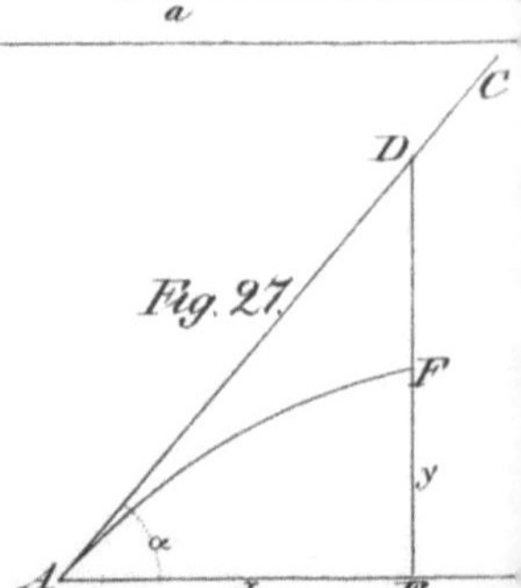

Fig. 27.

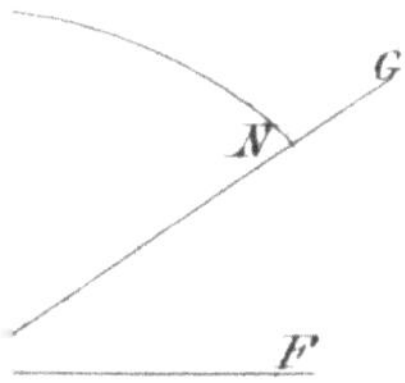

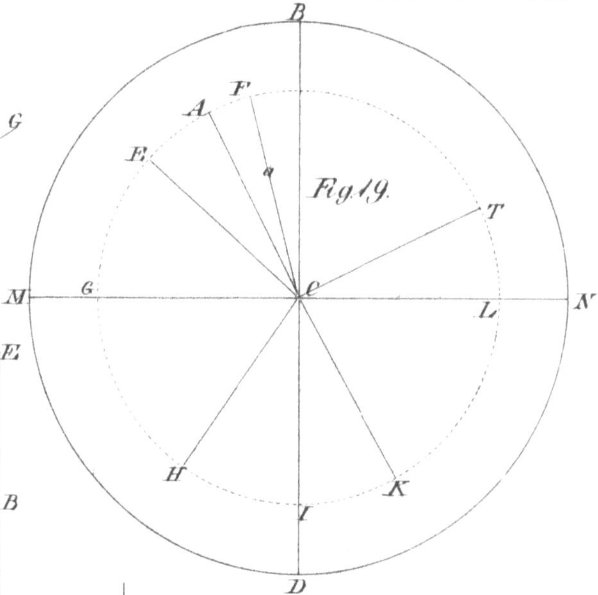

Fig. 19.

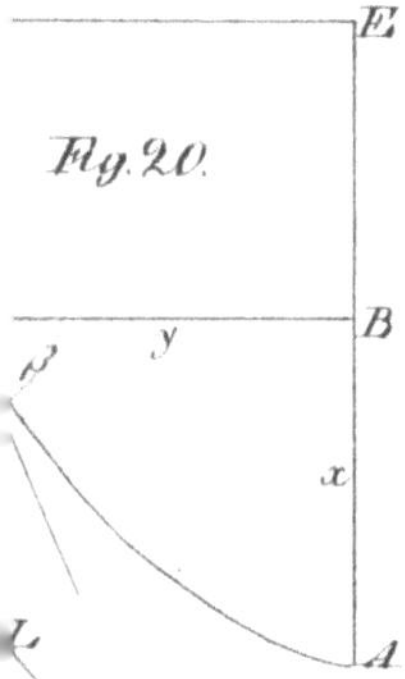

Fig. 20.

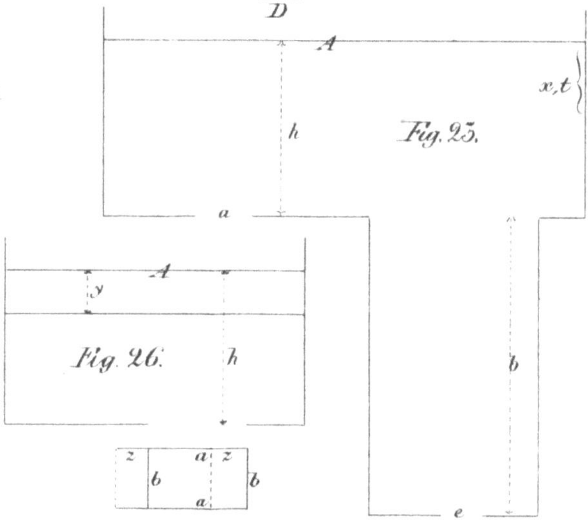

Fig. 25.

Fig. 26.

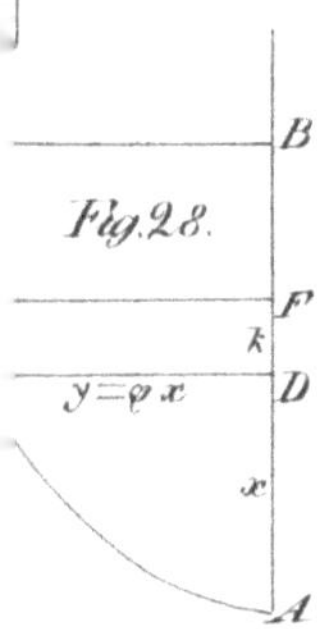

Fig. 28.

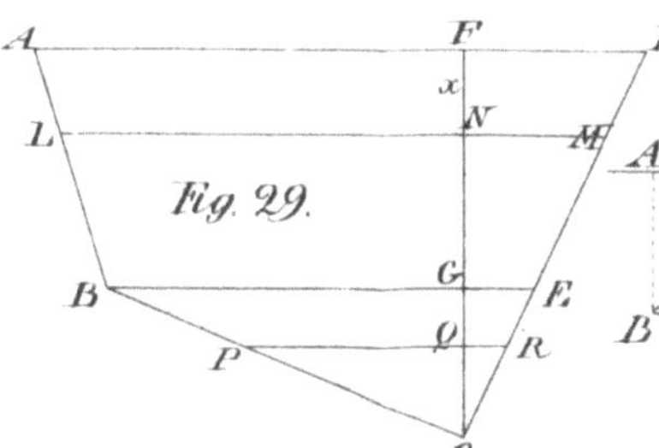

Fig. 29.

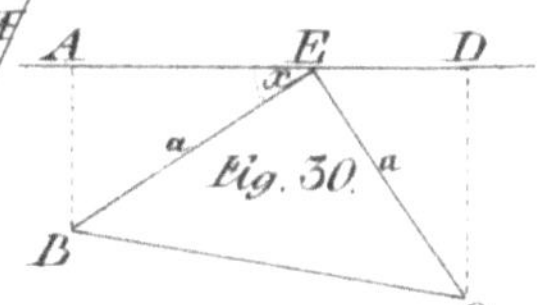

Fig. 30.

Bei Fragen zur Produktsicherheit wenden Sie sich bitte an:
If you have any questions regarding product safety,
please contact:

Walter de Gruyter GmbH
Genthiner Straße 13
10785 Berlin
productsafety@degruyterbrill.com